의사로
일하는
상상
어때?

발견의 첫걸음 11

의사로 일하는 상상 어때?

초판 1쇄 발행 • 2024년 12월 6일

지은이 • 김준혁 이다혜
펴낸이 • 염종선
책임편집 • 이상연
조판 • 박아경
펴낸곳 • (주)창비
등록 • 1986년 8월 5일 제85호
주소 • 10881 경기도 파주시 회동길 184
전화 • 031-955-3333
팩스 • 영업 031-955-3399 편집 031-955-3400
홈페이지 • www.changbi.com
전자우편 • ya@changbi.com

ⓒ 김준혁 이다혜 2024
ISBN 978-89-364-5331-2 44400

의사로

일하는

상상 어때?

김준혁×이다혜 지음

창비

▶▶ 창비 청소년 진로 토크 콘서트 '발견의 첫걸음'에서 의사가 되기를 꿈꾸는 청소년들과 만난 김준혁 선생님(왼쪽)과 이다혜 기자.

모두를 위한 병원, 우리를 위한 의료윤리

병원에 갈 때마다 가슴이 두근두근합니다. 의사 선생님이 무슨 말씀을 하실까, 아픈 치료를 받게 되면 어쩌지 하는 마음 때문이에요. 의사 선생님의 표정이 바뀔 때마다 괜히 긴장하게 되기도 하고요. 앞으로는 이를 잘 닦아야지, 채소를 많이 먹어야지 하는 새삼스러운 다짐을 하기도 합니다. 병에 걸린 사람들을 고쳐 내는 모습을 볼 때면 의사 선생님이 슈퍼히어로처럼 보일 때도 있어요. 병원과 의사 선생님을 둘러싼 감정은 언제나 복잡하게 섞여 있습니다.

이 책에서 탐구할 직업은 의사입니다. 공부를 잘해야 의사가 될 수 있기 때문에 지금 이 순간 잠을 아껴 가며 공부하는 친구들도 있을 테지요? 좋은 의사가 되고 싶은데 좋은 의사는 어때야 하는지 궁금한 친구들도 있을 테고요. 김준혁 선생님은 책을 통해 이런 질문들에 대답해 줍니다. '의사'라는 직업을 두고 여러 복잡한 말이 오가며 가장 성적이 좋은 학생이 의사가 되어야 하는 것처럼 모두 생각할 때, 우리 사회가 어떤 의사를 필요로 하는지에 대한 대화를 나눌 수 있어서 무척 반가웠어요. 선생님의 이야기를 들으며 의사라는 일에는 막중한 책임과 고단함이 뒤따르지만 엄청난 보람 또한 함께한다는 사실을 깊이 실감하게 됐지요. 제가 김준혁 선생님의 이야기를 고등학생 때 접할 수 있었다면 의사가 되기 위해 더 열심히 공부했을지도 모르겠습니다.

의대에 들어가기가 어렵기 때문이겠습니다만, 대학에 진학한 뒤 그제야 의사라는 일에 대해 고민하는 학생을 여럿 만났다는 김준혁 선생님은 의사가 되려는 사람에게도 다른 직업을 염두에 두고 있는 사람에게도 무척 유용한 조언을 전합니다. 삶은 아주 긴 경기와 같고 그 안에서 우리가 무엇을 얻을지, 어떤 사람이 될지는 지금의 우리에게 달려 있으니 조급해하지 않아도 괜찮아요. 김준혁 선생님도 시간이 오래 지나서 예전에 한 결정을 돌아보면 "그때 뭘 모르고 결정했구나." 싶다고 합니다. 앞으로 중요한 결정들을 많이 내리게 될 여러분에게 이 책이 부담은 줄여 주고 희망은 키워 주기를 바랍니다.

의사가 되고 싶은 사람은 성적에 대한 중압감이 클 수밖에 없을 것 같아요. 공부하는 과정에서 찾아오는 슬럼프를 어떻게 극복했는지 김준혁 선생님께 물어봤습니다. 그러자 왜 이걸 하고 있는지, 이게 나한테는 어떤 필요가 있는지, 내가 이 공부를 너무 하기 싫다면 혹시 방향 설정이 잘못되어 있는 건 아닌지, 나중에 쉰 살이 되고 예순 살이 되었을 때에도 재밌어할 분야는 무엇일지 고민해 보기를 권한다고 말해 주었습니다. 이 질문들은 우리가 길을 잃었을 때 멀리 보고 한 걸음 더 내디딜 수 있는 방법을 알려 줍니다. 공부에는 시간 관리가 필수적인데요, 시간 관리 방법에 대한 조언도 인상적이었어요. 선생님도 시간에 쫓겨 지낸다고 합니다. 그럼에도 불구하고 우선순위를 정하는 것은 당장의 할 일을 위해서도, 긴 삶을 위해서도 중요하다는 사실을 알게 됩니다.

공부하는 법에 대한 이야기를 나누다 보니 인공지능을 잘 활용하는 법에 대해서도 묻게 됐어요. 의료 기관에서 인공지능을 사용하게 될지도 무척 궁금했거든요. 오늘의 의료에 대한 이야기는 필연적으로 미래의 의료에 대한 이야기로 흐를 수밖에 없습니다. 미래에는 어떤 부분에서 인공지능의 도움을 받게 될까요? 또한 어떤 부분에서 사람의 판단에 의지하게 될까요?

의사에 대해 이야기하다 보니 환자와의 관계를 빼놓을 수 없겠더라고요. 김준혁 선생님에게 이상적인 의사와 환자의 관계에 대해 물었습니다. 선생님은 배려하는 관계라고 답했어요. 의사 쪽에서 환자를 배려하는 것은 그렇다 치지만 '환자가 의사를 배려해야 하나?'라는 생각이 들 것 같아요. 김준혁 선생님이 말하는 배려는 일반적인 뜻과는 살짝 다릅니다. 다르게 말하면 윤리적(또는 규범적) 돌봄이라고도 할 수 있을 텐데요. 윤리적 돌봄이란 돌보는 사람이 돌봄받는 사람이 잘 되기를 바라며 그의 관심을 충분히 고려하고, 그의 정당한 필요와 요구를 충족하며, 돌보는 사람의 노력이 돌봄받는 사람에게 승인받는 것을 말합니다. 이처럼 『의사로 일하는 상상 어때?』에서는 의료윤리에 대해 깊이 있게 다루고 있습니다. 의료윤리는 중요해요. 가깝게는 최근 한국 사회에서 의료와 관련된 여러 논쟁들에 대해 생각할 거리를 제공하기 때문이고 멀리 봤을 때는 더 나은 삶을 위하여 의사와 환자가 머리를 맞대야 하는 일들에 실마리를 제공하기 때문입니다. 첨예한 의료 쟁점에 대한 여러분의 생각을 이 책을 기초로 발전시켜 보기를 바랍니다.

의사를 주인공으로 하는 드라마가 여럿 있습니다. 주원, 문채원, 주상욱 배우가 출연한 「굿 닥터」(2013)라는 드라마는 한국의 큰 인기를 바탕으로 미국에서도 드라마로 만들어졌고요. 조정석, 유연석, 정경호 배우가 출연한 「슬기로운 의사생활」(2020~21)은 여러 시즌으로 만들어져 큰 사랑을 받았어요. 이런 드라마들은 의사들의 일과 삶을 다양한 관점으로 이야기합니다. 우정이나 사랑, 권력 암투 같은 이야기가 병원을 무대로 펼쳐지는 셈이지요. 드라마를 통해 의사라는 직업에 접근하는 일은 흥미진진하지만, 실제와는 다소 거리가 있는 편이에요. 김준혁 선생님은 치과 의사로 일한 경험을 바탕으로 의사가 되고자 하는 학생들을 지도하는 교수님이신데요. 의사라는 일의 '진짜' 면모를 이 책을 통해 들려줍니다.

『의사로 일하는 상상 어때?』는 의사가 되고자 하는 사람에게도, 환자로 의사를 만나야 하는 저 같은 사람에게도 재미있고 유용한 책입니다. '의료윤리'라는 분야에 대한 연구를 지속하고 있는 김준혁 선생님은 '환자와 가족'을 위한 더 나은 치료와 돌봄을 궁리하는 분이거든요. 의사를 꿈꾸는 청소년은 물론이고 건강하게 살고 싶은 청소년이라면 이 책을 통해 눈이 번쩍 뜨이는 경험을 할 수 있겠습니다.

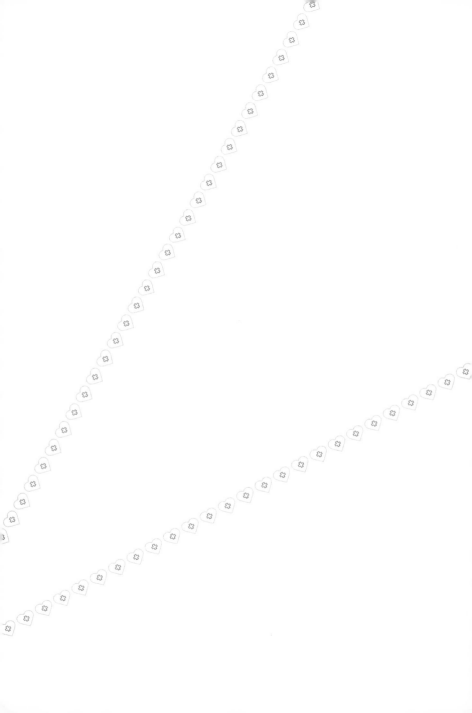

차 례

1. 의사가

되는 길

연세대학교 치과대학 교수
김준혁

김준혁 선생님을
소개합니다.

안녕하세요? 저는 연세대학교 치과대학에서 학생들을 가르치면서 의료인문학을 연구하는 김준혁이라고 합니다. 여러 권의 책을 쓰고 번역한 작가이기도 하지요. 제가 처음부터 연구만 한 건 아니랍니다. 저는 치과대학을 졸업하고 어린이를 진료하는 소아치과 수련을 받은 후에 몇 년간 소아치과에서 아이들을 치료하기도 했지요.

의사로 진료하는 시간이 조금씩 쌓이면서 좋은 진료는 과연 무엇인지 고민이 되기 시작했어요. 실력이 뛰어난 의사가 되는 것도 물론 어려운 일이긴 하지만, 실력만 뛰어나다고 해서 좋은 치료를 하는 건 아니라는 걸 매일의 경험을 통해 알게 되었거든요. 또, 의료 제도의 문제나 환자와 의사가 만나는 여러 조건은 물론이고 서구 학문을 빠르게 들여오며 의학이 급하게 자리 잡은 탓에 발생하는 부작용 때문에 좋은 진료를 환자에게 제공하는 것이 그냥 말처럼 쉬운 일이 아니라는 것을 알게 되었어요.

환자를 비롯한 모두에게 더 좋은 의료를 제공할 수 있는 사회를 만들려면 무엇이 필요할지 고민하며 처음에는 철학을 기웃거리다가 의료인문학이라는 분야가 있다는 것을 알게 되었습니다.

간단히 설명하자면 의료인문학이란 병원과 환자와 의료인이 만나는 곳은 어떻게 짜여 있는지 또 서로는 어떤 식으로 연결되어 있는지 생각하고, 환자와 의료인은 어떤 사람이고 의학 지식과 기술은 어떤 것인지 질문하며, 이런 세계와 사람과 기술이 어떻게 만나야 더 좋을지를 고민하는 학문이라고 말할 수 있을 듯해요. 간단하지 않다고요? 맞아요. 의료인문

►► 의료윤리학은 좋고 옳은 의료가 무엇인지 고민하는 학문이다.

학은 문학, 철학, 역사학, 사회학 등 여러 학문을 포함하는 인
문학의 일종이기에 한마디로 정의하기 어려워요. 하지만 의
료인문학 안에 있는 여러 학문은 진료를 둘러싼 여러 가지 물
음의 답을 찾는다는 점에서 비슷합니다.

　그리고 저는 이런 의료인문학의 여러 갈래 중에서 의료윤
리학과 서사의학이라는 분야를 연구하고 실천하고 있답니
다. 의료윤리학은 좋고 옳은 의료가 무엇인지 고민하는 학문
이고, 서사의학은 문학을 통한 의학의 변화를 소망하는 학문
이에요. 저는 더 좋은 의료가 무엇인지 알고 싶어서 연구를

시작했고 물론 그건 지금도 마찬가지입니다.

그러면서도 저는 전문의 수련 과정을 밟았고, 저 자신을 임상의로 정의했던 사람이기 때문에 지금처럼 책상에 앉아 연구를 하고 학생들을 가르치는 것이 의사의 본분이 맞는가 고민될 때도 있답니다. 다른 사람들도 이렇게 생각할 때가 종종 있고요.

하지만 저는 그렇게 벗어났다는 생각이 들지는 않아요. 좋은 의료가 무엇인지 좋은 의사는 어떤 의사인지 고민하고 나름의 답을 내놓는 의료인문학은 다른 이들이 좋은 의료를 제공하는 데에 이바지한다는 것을 잘 알고 있기 때문입니다.

어렸을 적부터
의사를 꿈꿨나요?

제가 치과대학에 들어간 것은 특별한 사명감 때문은 아니었어요. 사실 저는 어릴 때 치과에 가 본 적이 없었습니다. 저는 이가 아주 튼튼한 아이였거든요. 학교에서 건치 아동상을 줄 정도로요. 건치 아동

상은 충치가 하나도 없는 학생을 뽑아서 주는 상인데 알고 보니 구강 건강의 중요성을 알리기 위해 치과 의사들이 추진하는 사업이었더라고요. 구강 보건 사업의 역사를 이야기하는 자리에 갔다가 "제가 그 상을 받았습니다!" 해서 다 같이 한참 웃은 적이 있어요.

그래서일까요? 고등학교 3학년까지 제가 치과대학에 갈 거라고 생각해 본 적은 한 번도 없었어요. 저는 내향적인 편이라 다른 아이들이 밖에서 뛰어놀 때 컴퓨터 아니면 책과 함께 시간을 보내던 아이였습니다. 지금은 집마다 컴퓨터가 있고 컴퓨터로 무언가를 하는 게 당연하지만, 제가 어렸을 적엔 그렇지 않았죠. 모든 집에 컴퓨터가 있는 것도 아니었고 쉽게 게임을 접할 수 있는 것도 아니었습니다. 그래서 게임을 많이 한 건 아니었고 그저 컴퓨터를 이래저래 만져 보고 놀았죠. 뭐 하나라도 새로운 게 되게 하면 그렇게 재미있더라고요.

또 책도 많이 읽었어요. 집에서 몇 권 안 되는 책을 읽고 또 읽으면서 시간을 보냈습니다. 자연스럽게 저는 중·고등학교 시절 컴퓨터 관련 전공을 택하리라고 믿었어요. 한편, 친구들은 당연히 제가 문학 관련 학과에 진학할 거라고 생각했나 보

▶▶ 1996년 용산 전자 상가 내 컴퓨터 매장의 모습.
우리나라에서는 1990년대부터 집집마다 컴퓨터가 보급되기 시작했다.

더라고요. 학교 시 대회에 참여해서 작품도 걸고 문예 동아리 회장도 하고 교지에 어설픈 작품도 싣고 그래서였나 봐요. 어찌 보면 저는 국어랑 수학을 다 좋아하는 조금 특이한 학생이었던 건데 지금 생각하면 문학에 관한 소양도, 수학적 추론도 의사에게 모두 필요한 요소라는 생각이 들어요.

한편으로 어렸을 때 일이 현재 제 삶이랑 완전 관련 없진 않아요. 지금 의료윤리학에서도 헬스케어 인공지능의 윤리에 관한 연구에 상당한 노력을 기울이고 있고, 저는 의과대학과 간호대학 교수를 대상으로 인공지능을 활용하는 방법을 강의하고 있어요. 물론 전에 시간을 들여 프로그래밍을 공부했기 때문에 가능한 일이지요. 또, 제가 의료인문학을 공부하면서 택한 분야는 서사의학, 즉 문학을 의학에 활용하는 접근법이었어요. 그리고 지금은 글을 쓰고 있으니 학창 시절 관심사와 그렇게 멀리 떨어진 삶을 살고 있진 않은 것 같아요.

제가 치과대학에 진학하기로 마음먹은 건 대학 수학 능력 시험을 치른 이후였습니다. 그때 시험이 유독 어렵게 출제되었는데 저의 성적이 예상보다 훨씬 좋게 나온 거예요. 수학이야 진짜 열심히 했기 때문에 성적을 잘 받은 게 이상하지 않았지만, 국어 성적을 다른 친구들보다 잘 받았어요. 그러다 보니 학교 선생님이나 가족들이 좋은 학교와 학과에 가야 한다는 압력을 주었습니다.

요새라면 당연히 의과대학에 갔겠죠? 하지만 그때의 저는 의학 계열 진로를 한 번도 생각해 본 적이 없다 보니 솔직히 의사가 되면 피를 보고, 죽고 사는 문제를 다루게 될 것 같아서 무서웠어요. 그래서 조금 더 나아 보이는 쪽을 택했습니다. 치과에서 일하면 심각한 일은 없을 거라고 생각했거든요. 정말 아무것도 몰라서 그랬답니다. 주변에 물어볼 사람도, 조언을 해 줄 사람도 없었어요. 치과 의사도 마찬가지라는 걸 고등학생인 저로선 알 방법이 없었죠.

이 책을 읽고 계신 분들은 아마도 의사가 되는 것에 관심이 있으리라고 생각해요. 저는 여러분께 두 가지를 말씀드리고 싶어요. 이건 지금까지의 삶에서 나온 것이기도 하고, 의과대학·치과대학 등에서 상담해 왔던 여러 학생에게서 얻은 답이기도 해요.

첫째, 환자를 돕는 일은 다른 무엇보다 가치 있는 일이라는 거예요. 세상에서 제일 가치 있는 일이라고 말하면 과할까 싶지만 저는 그렇게 말해도 된다고 생각해요. 물론, 그만큼 가치 있는 다른 일이 많이 있겠지요. 하지만 환자를 돕는 일이 다른 일보다 떨어지지 않아요. 저는 대학교에 들어와서야 이 분야에 대해 알았고 내가 이 일을 할 만한 사람인가 계속 고민했지만, 환자를 치료하면서부터는 한 번도 고민한 적이 없어요. 그만큼 귀중한 일이에요.

둘째, 의학과 의료는 생각보다 다양하고 복잡하기 때문에 꼭 "의사가 되어 사람들을 살리는 명의가 되어야지."라는 사명감에 불타지 않아도 할 일이 많아요. 제가 좋은 예시일지는 모르겠지만 저만 해도 치과대학을 졸업한 전문의이기도 하면서 지금은 의료윤리학과 의료인문학을 하고 있거든요. 책을 쓰고 번역하거나, 인공지능 혹은 문학 관련 연구에서 성과를 내고 있지요. 제가 만났던 학생들 중엔 주변의 기대나 압력 때문에 또는 다른 사람의(주로 가족의) 꿈 때문에 의과대학이나 치과대학을 왔는데 자신은 다른 꿈이 있다면서 공부를 이어가는 게 맞는지 모르겠다는 고민을 하는 학생이 많습니다. 좋은 고민이고 계속해도 좋아요. 하지만 그런 고민의 답이 꼭 "나는 대학을 잘못 왔고 다른 대학으로 하루라도 빨리 옮겨야 해."라는 것일 필요는 없어요. 저는 의사, 치과 의사, 한의사, 간호사로 일하면서 다른 일도 같이 하는 사람들을 꽤 알고 있어요. 글을 쓰거나 사진을 찍는 사람도 있고 사업을 하는 사람도 있고 소프트웨어 개발을 하는 사람도 있지요. 의사라는 직업을 하나로만 정의하는 시절은 점차 지나가고 있어요. 저도 학생들에게 다양한 역할을 생각해 보길 조언하고 있답니다.

생각보다 삶도 상황도 다양할 수 있고 내가 지금까지 걸어온 길은 어떤 식으로든 의미가 있습니다. 우리는 살면서 처음부터 틀리지 않은 결정을 정확하게 내리려고 고심하잖아요? 그런데 긴 시간 일을 해 보면 심사숙고하지 않은 결정이어도 결국 나랑 잘 맞는 방식으로 일이 진척되는구나 하는 생각이 들 때가 적지 않습니다.

의사가 되기 위해 어떤 자질이 필요하다고 생각하나요?

저는 지금 의사로서 진료를 보는 상황이 아니고 학생들과 접점이 많기 때문에 의학과 치의학은 무엇을 위한 학문이고 의과대학과 치과대학은, 심지어는 의과의 여러 분과는 무엇을 하는 곳인지 훨씬 더 많이 고민합니다. 의료는 기본적으로 사람을 대하는 일이라고 생각합니다. 물론 다른 정의를 내리는 분들도 있지요. 의료는 기술이고 지식이며, 의사는 자신이 체득한 것을 환자의 신체에 구현해서 병을 고칠 수 있기만 하면 되지 다른 것은 필요 없다고 말하는 분들요. 저는 매번 그것만이 전부는 아니라고 생각했어요. 물론 그런 분들은 숙련이나 충분한 지식 없이 말로 때우려는 태도를 경계하는 것이 아닐까 짐작하곤 해요. 그런 사람들이 종종 보이는 것도 사실이니까요. 하지만, 환자 없이 의사 일을 할 순 없고, 환자를 만나지 않고 치료를 할 순 없어요. 비대면과 인공지능의 시대에 뒤떨어진 생각이 아니냐고 반문할 수도 있지요. 그래도 그런 기술들은 아직까진 보조 역할을 할 뿐이에요. 의료는 환자와 의료인의 만남에서 시작합니다.

그렇기에 사람을 상대하기 위한 경험과 지식이 필요합니다. 지금까지 친구를 많이 만나 왔으니 그런 건 얼마든지 할 수 있다고 생각하실지도 모르겠어요. 하지만 아픈 사람을 대하는 건 친구를 만나는 일과 다르죠. 아마 가족이 아팠을 때 경험해 본 적이 있으리라고 생각해요.

좋은 의사가 되기 위해서는 학교에서 배우는 것만으로는 부족해요. 물론 저도 학생들에게 환자를 만나기 위해 필요한 것들, 예를 들면 환자의 관점에서 생각하기 위한 준비, 환자와 사회에 말을 거는 방법, 환자 앞에서 마땅히 해야 할 것들을 교육하고 있습니다.

하지만 이것들로 충분하지는 않습니다. 저는 학생들이 다양한 사람들을 대해 보기를 바라요. 다양한 친구를 사귀고, 그들의 생각과 마음을 이해하려 노력하면서 세상에 얼마나 다양한 사람들이 있는지 배워 가는 겁니다. 각양각색의 사람들을 통해 자신을 비추어 보는 능력, 그게 의사의 제일 큰 덕목이라고 믿습니다. 그 과정을 통해 어떤 사람들에게 어떻게 말하는 것이 좋은지 익힌다면 좋은 의사가 되는 데에 큰 힘이 될 겁니다.

비슷한 맥락에서 협업을 잘하는 것도 의사로 일하는 데 필요한 자질인 것 같습니다. 현재 의사들은 거의 항상 팀으로 일하고 있습니다. 무언가를 혼자서 해결할 여지가 없다시피 해요. 그런데 아직도 드라마에서는 한 사람의 영웅 의사가 등장해서 모든 걸 해결하는 모습을 그려 내지요. 그러나 현장에서는 그런 일이 일어날 수 없습니다. 게다가 같은 상황이라도 때에 따라 진단이 달라질 수 있고 치료도 달라질 수 있어요. 관련된 합병증을 열심히 공부한다고 해도 그 문제가 내 앞의 환자에게 어떻게 나타날지 혼자서 다 아는 것은 불가능해요. 세상 모든 병을 한 사람이 다 알 수 있다고 쳐도 그 병이 여러

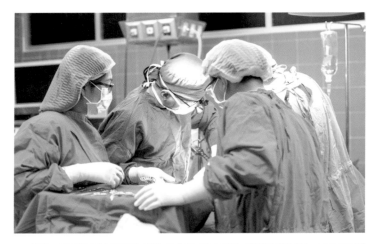

▸▸ 치료는 다양한 전문 분야의 의사, 간호사, 의료 기사, 경우에 따라서는 사회 복지사까지 여러 사람이 함께 이루는 공동 작업이다.

사람들에게 어떤 결과와 흔적을 남길지 혼자서는 결코 다 알수 없어요. 동료들과 함께 이야기를 나누며 협업해야만 실마리를 풀어 나갈 수 있죠. 그러니 혼자서 모든 걸 해결할 수 있다고 믿는 건 위험할 수도 있습니다.

그런데 의료인들끼리 같이 일하는 게 정말 어려워요. 환자에게 어떤 말을 건네야 할지 모를 때도 많지만 의사끼리도 이야기를 잘 못 해요. 수줍어해서도, 말을 잘 못 해서도 아니에요. 워낙 하나만 파고들다 보니 다른 사람들이 다른 방식으로 생각할 수 있고 다른 관점으로 문제 해결에 접근한다는 것을 이해를 못 해서 그렇더라고요.

같이 힘을 합쳐 일할 수 있으려면 학생 때부터 훈련을 해야 해요. 서로를 이겨야 하는 대상이라고 생각하면 협력하기 어렵잖아요. 그래서 몇몇 학교는 성적을 과감하게 없애고 학생들이 각 과목을 더 잘할 수 있도록 도와주려 노력하고 있습니다. 학생들이 이런 다양한 것들을 알고 의과대학에 들어올 수 있으면 좋겠다고 생각해요.

의과대학에 진학한 뒤의 진로는 어떻게 나뉘나요?

의과대학에 진학하면 기본적으로 세 가지 진로가 있습니다. 한쪽은 기초의학이라고 해서 해부학, 생리학, 생화학, 약리학 등을 공부하는 길입니다. 의대를 졸업한 다음에 해당 과에서 연구를 더해 교수가 되거나 국책 연구원 등으로 일하게 됩니다.

기초의학에 대해 간단한 설명이 필요할 것 같아요. 예를 들어, 제가 환자를 진단하고 병이 나을 확률이 80퍼센트라고 말하면 많은 분들이 열 명 중에서 여덟 명은 낫는 것이고 나을지 말지는 운에 달린 문제라 생각하는 것 같아요. 하지만 사실은 그렇지 않습니다. 어떤 환경에선 열 명 중 다섯 명이 낫기도 하고, 어떤 조건에선 열 명 모두가 나을 수도 있어요. 아직 우리는 인체에 대해서도 생물에 대해서도 모르는 게 많아요. 자연과 환경에 대해선 더 그렇죠. 의학에는 아직 연구하고 확인할 게 널리고 널려 있어요. 이처럼 환자를 치료하는 방법을 비롯해 인체에 관해 폭넓게 연구하는 분야라고 해서 기초의학이라고 불러요.

지금 누군가가 영화나 드라마 속 인물처럼 "이렇게 해서 왜 낫는지 모르겠지만 아무튼 제가 치료할 수 있어요."라고 말하면 이상한 사람 취급을 받을 거예요. 어떻게 해서 치료했다고 해도 많은 사람에게 그 방법을 적용했을 때 동일한 결과가 나타날 거라는 보장도 없고요. 옛날에는 효과가 있는 치료법 같으면 일단 적용부터 해 보기도 했지만, 지금은 누구도 그렇게 할 수 없고 그렇게 해서도 안 돼요. 어떤 치료가 어떻게 해서 효과를 낼 수 있는지 보여 주기 때문에 기초의학이 중요하다 말할 수 있지요.

그동안에는 뜻을 가지고 기초의학 분야에 헌신하는 사람이 꽤 있었는데 요새는 너무 없어서 걱정입니다. 그래서 학교에서도 이 분야의 전공들을 더 장려하려고 노력합니다. 학생이 미리 이런 분야를 선택하면 장학금도 주고 웬만하면 교수직을 보장하고 있지요.

그다음에 임상의학이 있습니다. 임상의학을 공부하면 아플 때 병원에 가면 만나는 평범한 의사가 될 수 있습니다. 수련을 받고, 인턴, 레지던트를 하고 전문의 자격증을 딴 후 펠로우를 하는 식으로 전개되는데요. 임상의가 되기 위해 꼭 전문의 수련을 받아야 하는 건 아닙니다. 그래도 한국은 전문의 비율이 높은 편인데 그 이유는 가족 주치의 제도나 가정 의사 제도 등이 안착하지 못했기 때문이에요. 쉽게 말하면, 제가 아플 때 제일 먼저 만나서 상담해야 하는 집 근처의 의사 선생님이 정해져 있지 않다는 거죠. 전문의처럼 특정한 병에 대해서 파고드는 사람도 당연히 필요하지만, 주치의처럼 오랫동안 알고 지내며 관리와 조언을 해 주는 사람도 필요한데 우리는 그런 영역을 만들지 못했어요. 그러다 보니 임상의학을 공부하려는 학생들은 일단 수련을 받고 전문의 자격증을 따려고 하지요.

임상의는 크게 내과와 외과로 나뉘어요. 아까 언급했지만 내과에서든 외과에서든 진료란 기본적으로 사람에게 하는 일입니다. 그래서 교과서 속 지식만으로는 부족할 때가 많습니다. 임상의는 현실과 이론 사이에 차이가 있을 수 있다는 것을 인정하면서 진료를 보게 되지요.

그 외에 저처럼 제3의 분야를 선택하는 사람들도 있습니다. 의료인문학을 연구하고 가르치거나 이를 통해 기존의 의학적 접근 방법을 바꾸려고 노력할 수도 있고, 환자와 시민 대상 건강 증진 활동에 참여하고 개선 정책을 마련할 수도 있고, 해외에서 봉사를 하거나 국제단체에서 일할 수도 있고, 공직으로 나아갈 수도 있고, 제약 회사나 의료 장비 회사 혹은 의료 인공지능 회사에서 일할 수도 있지요.

하지만 이런 선택을 하는 의사가 많진 않아요. 그래도 나아갈 수 있는 길이 많다는 걸 잊지 마세요.

학과를 결정할 때는
무엇을 기준으로 선택하면 좋을까요?

　　　　　　　　　　　　　의과대 학생을 상담하
는 상황이라고 가정해 볼게요. 학생이 어떤 공부를 하면 좋을
지 물어보고 있어요. 이 학생은 의사가 되고 싶어서 진학했겠
지요. 먼저 의사라는 직업에 대해 어떤 그림을 그리고 있었는
지부터 함께 탐색하는 것으로 시작해요. 많은 사람의 생명을
구하고 싶을 수도 있고 내 앞에 있는 사람의 병을 낫게 하고
싶을 수도 있고, 기술을 발전시키고 싶은 사람도 있습니다.
수술 방에서 죽어 가는 사람을 살리고 싶어 하는 경우도 있어
요. 더 넓은 세상에서 다양한 배경의 사람과 일하고 싶을 수
도 있겠죠. 여러 진로가 있는데도 학생들이 잘 몰라서 선택하
지 못할 때가 있으니 그럴 때 어떤 것을 생각하면 좋을지 알
려 줍니다.

　물론 시장 논리가 적용되지 않을 수는 없어요. 학생들이 전
공과 결정을 하기 위해 상담할 때 제가 제일 자주 묻는 질문
은 정말 원하는 게 뭐냐는 겁니다. 솔직한 답을 주어야 하니
까 "의사가 되어 돈을 많이 벌고 싶나요?"라고 물어볼 때도

▶▶ 한국의 많은 의사들이 해외 의료 봉사를 실천하고 있다.

있어요.

돈을 많이 벌고 싶으면 의사가 답이 아닐 수 있습니다. 왜냐하면 하루에 치료할 수 있는 환자 수는 정해져 있기 때문에 의사가 벌 수 있는 수입에는 한계가 있거든요. 물론 의사가 되면 비교적 크고 안정적인 수입을 가질 수 있지만 경영인이나 사업가처럼 투자를 받아서 사업을 확장하고, 엄청난 단위의 돈을 만질 수 있는 건 아니에요.

돈을 잘 버는 과라고 하면 성형외과를 생각하실 텐데요. 기댓값의 차이일 순 있지만, 성형외과에서도 이미 자리를 잡은 의사가 아니라면 기대만큼 큰돈을 벌지는 못할 수 있습니다. 게다가 병원은 비영리 기관이어야 해서 일정 수준 이상으로 커지면 개인이 운영할 수 없게 되어요. 이 말은 이사장이든 병원장이든 월급을 받는 사람이지 거기에서 나온 수익을 마음대로 가져갈 수 없다는 뜻입니다. 그러다 보니까 인생의 목표가 돈이라면 창업이 답일 수도 있죠.

그렇다면 두 번째 질문이 중요해집니다. 바로 "사람이랑 만나는 거 괜찮나요?"예요. 사람을 대하는 일을 좋아하는 학생들은 내과, 소아과, 정신건강의학과 쪽으로 권하죠. 내과는 당장 극적인 효과로 사람을 살리는 건 아니지만, 장기적으로 삶을 관리해서 좋은 결과를 만들어 낸다는 장점이 있거든요. 치과도 기본적으로 그런 특성을 가지고 있고요. 소아과나 정신건강의학과는 특성상 환자나 보호자와 긴밀하게 소통해야 하고요. 반면, 사람을 대하는 게 어려운 학생이라면 진단검사의학과나 영상의학과처럼 사람을 안 만나는 과를 가는 편이 좋겠죠. 저와 마찬가지로 공부를 더 해 보는 쪽을 선호하는 학생도 있습니다. 이 경우 아예 기초의학 분야를 권하기도 하지요.

미래를 어떻게 밟아 가는가는 다양할 수 있습니다. 인생이 짧지 않으니까요. 제 주변에는 가정의학과에서 공부했다가, 시민 단체를 통해 국제 보건 업무에 참여했고 지금은 호스피스 관련 일을 하면서 저와 함께 연구하는 사람도 있어요. KOICA(한국국제협력단)에서 일을 하거나 해외 봉사 활동을 하면서 구체적인 보건의료 시스템의 작동 방식에 대해 더 깊게 알고 싶다는 생각을 갖게 된 후 한국에서 직접 진료를 하며 현장에서 부딪히는 문제들을 연구하는 이도 있지요. 사실 한 군데에 고정되어 있지 않고, 다양한 역할들을 해 볼 수 있는 것이 의료 분야의 장점이기도 합니다. 그래서 자신의 진로에 관해 너무 쉽고 빠르게 판단하는 대신 많은 사람을 만나 이야기를 나눠 보고 천천히 자신에게 맞는 길을 찾는 편이 좋죠.

일하면서
언제 가장 기뻤나요?

책이 책이니만큼, 진료 할 때 기뻤던 일과 지금 의료인문학을 하면서 기뻤던 일을 나누어서 이야기해야 할 것 같아요.

진료 관련해선, 사실 저는 환자가 아이인 경우가 많았기 때문에 직접 감사 인사를 받는 경우가 많지는 않았어요. 다른 과 선생님들처럼 "선생님 덕에 살았습니다, 감사합니다." 하는 이야기를 들어 본 경험도 없고요. 치과라는 곳이 보통 공포와 혐오의 대상이 되지 좋은 기억을 주긴 어렵잖아요.

하지만 뒤돌아보면 전 진료하면서 힘들었던 기억이 없고, 그게 참 감사한 일임을 알게 되었습니다. 물론 수련의 때 체력적으로 힘들었던 기억이나 병원의 조직 문화 같은 부분을 개인적으로 어려워했던 적은 있지만, 아이들을 치료하고 부모님과 대화하는 일은 늘 좋았어요. 다른 분들이 의사로 일하면서 환자와의 관계나 대화에서 겪는 스트레스 혹은, 다른 의료진과 지내면서 겪는 갈등을 힘들어하는 경우가 많은데 저는 운이 참 좋은 편이었던 거죠.

의료윤리와 의료인문학을 하면서는 제가 미리 준비하던 주제들이 중요한 것으로 떠오를 때가 가장 기쁜 것 같아요. 예를 들어 의료윤리 쪽에선 2010년대 중반부터 인공지능 윤리에 대한 연구를 해 왔는데, 인공지능 윤리는 지금 가장 뜨거운 주제가 되었지요. 또 요즘 서사의학에 슬슬 관심을 갖는 사람이 많아진 것 같아서 감사해요.

공부를 하면서
언제 가장 힘들었나요?

공부하면서 제일 힘들었을 때라고 하면 전문의 시험 준비할 때였던 것 같아요. 삶의 다음 단계로 넘어간다고 생각해서 그랬을까요? 반드시 통과해야 한다는 압박을 처음 받아 봤어요. 제가 전문의 시험 준비하던 때 아내도 "네가 시험 보는 것에 그렇게 스트레스받아 하는 건 처음 보는 것 같다."라고 얘기한 적이 있어요.

사실 저는 원체 공부하면서 스트레스를 많이 받는 편은 아니에요. 게다가 솔직히 대학생 때까진 주변의 다른 분들처럼 열심히 공부하진 않았어요. 수능도 준비한 거 잘 정리해서 치면 된다고 생각했고 치과 의사 국가 고시도 마찬가지였지요. 정말 열심히 공부했다고 자신 있게 말할 수 있는 시기는 대학원에 들어가 의료인문학 공부를 시작하고 난 다음부터였습니다. 이때가 가장 어렵긴 했지요. 문학이나 철학에 관심을 가지고 있었던 것과 이걸 대학원에서 공부하는 것은 아예 다른 일이었으니까요. 더구나 제가 공부하려는 부분을 잘 정리해서 가르칠 수 있는 선생님을 만나기도 어려웠습니다. 공부를 한다고 해서 미래가 명확히 보이는 것도 아니었어서 더 힘들었어요.

수련의로 숱하게 야근하던 때도 힘들었습니다. 제가 수련받던 때에는 일하던 병원에서 치과 응급실을 따로 운영했는데 의사도 더 많고 간호사도 있는 일반적인 응급실과 달리 저희는 그냥 인턴이랑 레지던트 둘이서 밤을 버텨야 했기 때문에 참 고단했지요.

그리고 다른 과 의사도 그렇지만 치과 의사라는 직업도 별로 몸에 좋은 일은 아닙니다. 가만히 오래 있어야 되는 경우가 많은 게 문제입니다. 평범한 진료도 그렇지만, 수술이 극단적인 예인 것 같아요. 치과도 당연히 수술 방이 있습니다. 구강 수술, 양악 수술, 이식 수술을 비롯한 여러 수술을 하고 있는데 수술 방에 들어가면 길게는 10시간씩 서 있게 됩니다. 평범한 진료라고 해도 구부정한 자세로 오래 있어야 하니 척추, 목, 어깨 등에 부담이 가요. 그래서 제가 학교 다닐 때 교수님 한 분은 수업 시간에 학생들에게 "나쁜 자세를 하면 치과 진료를 오래 보기 어렵다."라며 부디 허리를 펴길 바란다고 말했던 기억이 나요. 그렇지만 치아는 조그맣기 때문에 잘 안 보여서 허리를 펴기가 쉽지 않습니다. 안 좋은 자세로 오래 진료하면 당연히 몸에 탈이 납니다. 저도 탈이 났어요. 심하게 아팠던 때는 어깨를 잘라 내고 싶을 정도였죠.

이렇듯 의사는 그리 몸이 편한 직업은 아닙니다. 게다가 기본적으로 의사가 된다는 것 그리고 의사로 일한다는 것은 어떤 식으로든 계속 공부해야 한다는 것을 의미해요. 공부하는 것을 편하게 받아들일 수 있어야 할 수 있는 일인 건 맞습니다. 육체적으로도 심리적으로도 쉽지는 않겠지만 보람도 클 거예요.

치과 중에서도 소아치과 쪽으로
진로를 정한 이유는 무엇인가요?

수련의 때 아이들을 잘

진료할 수 있는 병원을 만들고 싶다고 생각했던 기억이 나요. 앞에서도 이야기했지만, 아파서 음식도 제대로 입에 넣기 어려워하던 아이가 활짝 웃는 모습을 보는 것은 상당히 기쁜 일이니까요.

또 현실적인 판단도 있었습니다. 하나는 아이의 수가 적어질수록 고급화가 가능하리라는 점, 다른 하나는 아이가 성인이 되어도 계속 다닐 수 있는 치과를 만들어 볼 수 있겠다는 점이었어요. 오히려 저한테는 소아치과를 선택하게 된 이유보다 소아치과를 하면서 배운 게 더 중요해요. 아까 잠깐 언급했지만 소아청소년과나 소아치과는 다른 과와 달리 치료를 받는 사람과 치료를 결정하는 사람이 다르지요. 보통 치료를 받는 건 아이이고 결정을 내리는 사람은 부모니까요. 이게 별일 아닌 것처럼 느껴질 수 있지만, 좋은 진료를 고민하는 저에겐 무척 중요한 차이였어요. 치료를 아무리 잘 해 줘도 아이는 치료 자체가 어땠는지 잘 몰라요. 잘못 치료하면 곧바로 문제가 생기지만, 당장은 적당히 하는 치료와 잘하는 치료가 별로 다르지 않다는 뜻이에요. 부모는 자신이 치료를 받은 게 아니니 사실 치료가 어떤지 경험을 해 보지 못하잖아요.

그럼 이때 좋은 치료란 어떤 치료일까요? 부모와 아이를 모두 만족시키는 방법이 있을까요? 이 질문이 제가 대학원 공부를 하게 만든 동력 중 하나였어요. 이에 대한 다양한 답변들은 뒤에서 더 다루어 보려 합니다.

주변을 보아도, 후배들이나 학생들을 보아도 유리함을 좇아 선택하는 경향성이 있는 건 부정할 수 없는 것 같아요. 하지만 제도나 상황이라는 게 언제나 똑같은 건 아니라서 지금 유리한 분야가 앞으로도 계속 그런 건 아니더라고요. 제도나 상황으로 인해 어느 쪽이 유리한지가 때마다 달라져요. 하지만 모든 전공은 각자의 가치와 의미가 있지요.

지금 언급한 것 이외에 다른 진로가 있다면 무엇이 있을까요?

학생 중에서는 이 일이 맞지 않아서 그만두는 경우도 있어요. 의사는 환자를 진찰하고 치료하잖아요? 환자 보는 일이 사람과 사람 사이에서 벌어지는 일이라고 생각해 본 적 없는 사람이 많아요. 진료는

▶▶ 의학은 결국 사람을 대하고 공부하는 학문이다.

기본적으로 사람을 대하는 일이고 그렇다 보니 어쩔 때는 환자랑 싸울 때도 있거든요. 심지어 학생 때 만나는 환자는 대부분 연장자입니다. 사회에서는 저보다 윗사람인 거죠. 처음 그런 상황을 마주하면 환자 앞에서 어떻게 해야 하는지 몰라 당황하는 학생들이 많아요. 관계에서 오는 어려움이 일의 본질적인 부분과 맞닿아 있다 보니까 경험을 쌓아도 나아지는 일이 아니라는 생각에 휴학하거나 자퇴하는 학생이 적게나마 있고요.

다른 이유로 그만두는 경우도 있어요. 학원에서 수학 가르치는 일을 좋아하던 후배가 있었는데 그 친구가 학교를 그만두며 하는 말이 의사로 일하는 게 자기 생각과 너무 다르다는 거예요. 수학은 값을 넣으면 답이 명료하게 나오잖아요. 의료는 그렇지 않아요. 결과를 예측할 수 없는 일이 너무 많아 어렵다고 하더라고요.

한편 "의사가 되어서 과연 제가 원하는 삶을 살 수 있을까요?"라고 물어보는 학생들도 있습니다. 저로서는 질문을 했다는 것 자체로 그 학생들한테 큰 고마움을 느껴요. 많은 사람들이 느끼지만 애써 무시하고 잊어버릴 텐데 입 밖으로 꺼내서 심지어 교수 앞에서 이야기한다는 건 용기 있는 일이니까요. 그래서 제가 아는 모든 지식과 인맥을 동원해서 도와주려고 노력하죠.

저는 학생들이 학교를 그만두는 걸 권하지 않습니다. 앞에서 이야기한 것처럼 의료인으로 일하면서 다른 일도 같이 할 수 있는 데다, 의료인의 범주나 정의도 계속 변하고 있어서 이전보다 하는 일의 범위가 확장되고 있어요. 다른 일을 한다고 해서 의사 면허가 없어진 건 아니기 때문에 의사를 하면서

해 보면 된다고 조언해 줍니다. 정말 잘된다면 그때 전념해도 늦지 않으니까요.

사실 우리나라의 많은 사람들이 한 가지 직업으로 승부를 봐야 한다는 강박적 사고가 있어요. 사회 안전망이 잘 갖추어지지 않아서 실패하면 안 된다는 생각에 그런 걸 수도 있을 텐데요. 학업은 사회의 구성원들에게 여러 번의 기회를 제공할 수 있는 것이 되어야 한다고 생각해요. 대입에 실패하더라도 경로를 설계할 수 있는 다양한 접근이 필요하다는 거죠. 예컨대, 당장 입시 성적이 좋지 못했거나 형편이 어려워서 학업을 조금 미룬다고 해도 미국의 커뮤니티 칼리지처럼 학업이나 경력을 만들 방법이 있어야 한다고 생각해요. 그런 여유를 줄 수 있어야 한다는 거죠. 제가 제도를 고칠 수는 없더라도 학생들에게는 삶을 살아가는 데에 필요한 조건을 채워 가면서 또 자신이 원하는 것을 추구하며 그 사이의 균형을 찾으려 노력해 보라고 조언하게 됩니다. 의사를 비롯한 간호사, 치위생사 등 의료계 직군이 줄 수 있는 어느 정도의 안정성을 누리면서 자기가 원하는 것을 탐색할 수 있다면 가장 이상적이라고 보고요.

저도 사실 비슷한 고민을 했다고 할 수 있어요. 의료인문학 공부를 위해 제가 제 돈을 써서 유학을 다녀왔는데, 제가 공부한 분야의 전문가로서 교수가 된 분이 거의 없었고, 심지어 공부를 마치고 갈 수 있는 자리가 있었던 것도 아니었으니 공부를 하면서도 이게 과연 의미가 있나 생각하며 굉장히 스트레스를 받기도 했어요. 다만 당시 제게는 너무 필요한 일이었기 때문에 일단 공부를 해 보고 잘 안 풀리면 다시 진료하면 된다고 생각했지요. 그 덕에 어느 정도는 마음을 놓고 계속 공부를 할 수 있었던 것도 있었습니다.

의료 직군은 다른 직군보다 안정적이라 할 수 있을까요?

몇 년 전엔 인공지능이 의사를 대체할 거라는 자신만만한 주장을 하는 분들이 있었어요. 의료에 대해서 잘 모르고 하는 말이라서 그런가 보다 하고 넘어갔는데, 당시 의사 사이에는 공포감 같은 것이 꽤 있었죠. 하지만 지금은 다른 것 같아요.

인공지능이 의사를 대체하기 어려운 이유는 몇 가지가 있는데 일단 현재의 의학적 지식이 완벽하지 않다는 거예요. 적어도 지금은 인공지능이 우리가 하는 일을 따라하는 거지 더 잘하는 게 아니잖아요. 또, 계속 강조하지만 의료에서 사람과 사람 사이에서 일어나는 상호 작용이 중요한데 이게 어떤 것인지 학문적으로 정리가 잘 안 되어 있어요. 자료가 많다면 인공지능이 쉽게 따라 할 수 있겠지만, 지금은 의료인 각자가 체득한 방식이 다양하게 있을 뿐이라 인공지능이 배울 수가 없어요.

그래서 의료인이 된다고 했을 때엔 자신만의 강점을 계발해 보기를 권합니다. 내가 자신 있고 잘할 수 있는 게 뭔지 발견한 다음에, 이게 의학과 관련해서 어떻게 쓰일 수 있는지 생각해 보는 거죠. 의학의 영역은 워낙 다양하기 때문에 특기나 관심사를 일과 접목할 수 있을 거예요.

요새 많은 학생들이 관심을 가지고 있는 스타트업도 얼마든지 가능해요. 의료 스타트업도 결국 여러 분야와 연결되어 일을 하게 됩니다. 어떤 경우에는 컴퓨터를 활용해서 접근하기도 하고, 또 어떤 경우는 상업적으로 또는 공학적으로 발달

▶▶ 스타트업이란 설립되지 오래되지 않은 신생 벤처 기업을 의미하며 주로 IT 분야 회사가 많다.

된 여러 요소들과 연결해서 새로운 의학적 도전에 나서기도 합니다. 그럴 때 자신만의 강점은 큰 도움을 줄 거예요.

의료 스타트업은
생소한 것 같아요.

의료 관련 스타트업,

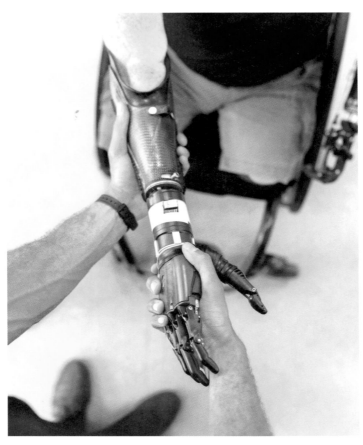

▶▶ 과학 기술의 발전에 따라 로봇 의수가 눈부시게 발전하고 있다.
이처럼 의대를 졸업하고 진료가 아니라 의학 기술을 개발할 수도 있다.

또는 헬스케어 스타트업은 국내외에서 큰 주목을 받고 있어요. 예를 들어 요즘에는 디지털 치료제라고 해서 정신적인 어려움을 겪는 사람들에게 처방하는 게임도 있고 실제로 질병을 예방하고 처치하는 데 사용되는 애플리케이션도 많이 개발되고 있습니다. 의료적인 효과가 있는 프로그램을 개발하려면 정말로 치료 효과가 있는지 같이 살펴볼 수 있는 의료인이 필요하죠. 과학 기술과 직접적인 연관이 있는 분야다 보니 관련 정부 부처나 학교에서도 잠재성을 보고 의학 기술 전문가를 키우겠는 포부를 내세우기도 합니다. 심지어는 학생들이 의과대학이나 치과대학을 졸업한 다음에 바로 관련 분야 연구를 한다든지 아니면 기술 개발을 하는 것까지 권장되고 있는 듯합니다.

하지만 면허를 취득한 젊은 의사들이 곧장 기술 개발로 뛰어드는 현상이 우려스럽기도 합니다. 저는 의대를 졸업한다고 의사가 되는 게 아니라 환자를 진료하면서 의사가 되어 가는 것이라고 생각하기 때문입니다. 의료적 경험은 책이 줄 수 있는 게 아니지요. 그 영역을 의료인이 제공해야 하고, 의료인만 제공할 수 있다는 거예요. 그렇다면 의료인으로서 일해 본 경험은 다른 무엇과도 대치할 수 없는 귀한 자산이 되겠지요. 전 헬스케어 스타트업의 기회는 여기 있다고 생각해요.

최근 의료 스타트업 창업에 나선 의대 교수들에 대한 기사가 보도되곤 합니다. 기사에 따르면 인공지능과 로봇으로 의료의 미래가 더 밝아질 것이라고 해요. 의대를 졸업하고 의사로 일하는 대신 새로운 사업에 뛰어드는 이들이 그만큼 많아지고 있다는 이야기이기도 합니다. 국내 대기업이 적극적으로 뛰어드는 경우도 있지만 해외 업체와의 협력을 통해서 규모를 키우는 사례도 많이 볼 수 있습니다. 이러한 스타트업 관련 소식들을 살펴보면 현직 의사들이 전해 주는 피드백과 통찰이 스타트업들에게 엄청난 자산이 되고 성장 원동력이 된다고 해요. 의사들이 의료 현장에서 느낀 불편함을 아이디어로 바꾸어 창업을 하기도 하고요. 의료 현장에서 일하지 않으면서도 현장의 문제점을 개선할 수 있는 새로운 방법일지도 모르겠어요.

2. 좋은 의사는

어떤 의사일까?

의사로서 일하는 보람이
궁금해요.

　　　　　　　　모든 직업에는 보람이
있고 환자를 보는 일 또한 그렇지요. 이렇게 말하면 환자의
질병을 치료해 건강을 되돌려주는 것이 진료를 좋은 일이라
고 할 수 있는 이유라 생각할 거예요. 하지만 환자 건강 회복
이라는 의료의 가치를 실현하는 것과는 별개로, 저는 진료하
는 일 그 자체가 선한 일이라고 믿습니다.

　우리에겐 좋은 일을 정의하는 몇 가지 방식이 있습니다. 종
교에선 신이 좋은 것을 정해 주었다고 생각하고, 철학에선 전

통적으로 행동의 동기나 그 행동이 초래하는 결과를 따지며, 진화심리학에선 적응 과정에서 나타난 경향성이 판단 기준입니다. 진료하는 일은 이 중 어떤 이론이나 설명에서도 좋은 일로 설명됩니다. 최소한 기독교나 불교처럼 전 세계 널리 퍼져 있는 종교는 타인을 치료하는 것을 좋고 바람직한 일로 여겨 왔어요. 그뿐만 아니라 종교의 창시자들은 보통 치유의 기적을 행했고 이에 따라 치료는 인간에게 신의 뜻을 행하는 일이라고 설명되곤 했습니다. 철학에서 좋은 일이란 그 자체로 바랄 만하고 모두에게 권할 만한 일을 말합니다. 병든 이를 돕고 치료하는 일은 그 자체로 바랄 만하고 권할 만한 일이니 당연히 좋은 일이지요. 진화심리학의 경우도 마찬가지입니다. 진화적 적응으로 보아도 우리가 서로를 치료하지 않았다면 살아남을 수 없었을 거예요.

복잡한 설명은 접어 두더라도 다른 사람을 돌보는 일, 그중에서도 병든 이의 아픔을 감싸안는 일은 그 마음도 실천도 귀한 일이에요. 진료하는 매 순간이 신을 향한 기도와 같다고 말할 수도 있을 것 같아요. 아무리 열심히 해도, 치료 결과는 의료진의 손을 벗어나 있을 때가 종종 있어요. 하지만 결과를

▶▶ 서로를 위하는 마음은 인류가 가진 큰 미덕이다.

떠나서 진료 과정에서 나음을 소망하는 마음은 마치 기도처럼 환자에게도 의사에게도 흔적을 남긴다는 거죠. 현대의 자본과 효율의 논리가 이를 많이 앗아 가긴 했지만요.

저도 의사로서 일하면서 완벽하지는 못하더라도 열심히 진료해 왔다고 믿습니다. 하지만 항상 만족스럽지는 못했어요. 욕심이 지나치거나 자신밖에 생각하지 못하는 의료인을 만나거나 다른 한편으론 그보다 훨씬 많은 수의 의료인들이 좋은 의료를 하고 싶어도 제도와 사회 때문에 그러지 못할 때, 아주 가끔 환자나 가족이 부당한 요구를 하는 경우에는 정말 진료가 선한 일이 맞나 의심이 들 때도 있었어요. 그렇다고 믿음과 현실의 불일치를 그냥 놓아두고 싶지도 않았습니다. 하지만 이 문제에 대해 쉬운 해답을 가지고 계신 분도 없더라고요. 그래서 제가 직접 답을 찾아 나섰고 지금에 이르렀습니다.

사회적인 이유 때문에 좋은 진료를 할 수 없는 상황은 어떤 경우가 있을까요?

제 개인적인 이야기를 하는 것보단 2024년 의대 증원을 둘러싼 정부와 의료계의 갈등이 가장 극명한 예시가 되리라 생각합니다. 저는 그런 상황에 어떻게든 저항하고 부딪혔기 때문에 결과적으로 '좋은' 진료를 못 한 기억이 별로 없기도 하고요.

의료 행위는 의사 혼자서 하는 일이 아니에요. 이를 뒷받침하는 의료 제도와 적절한 의료 문화가 같이 있어야만 정당한 의료로 받아들여질 수 있어요. 예를 들어 저는 대한민국 보건

복지부에서 발급한 치과 의사 면허를 가지고 있고 이 면허는 우리나라에서만 통용됩니다. 다른 나라로 가서 진료를 하려면 그 나라의 면허를 발급받아야 해요. 외국에 간다고 제 의학 지식과 기술이 없어지는 것도 아닌데 말이죠. 그렇다면 해외 의료 봉사는 어떻게 하냐고요? 그것은 한시적 상황에서 면제 또는 면책을 해 주는 것뿐이에요. 게다가 각 나라의 사회적·문화적 상황을 고려하지 않고 무턱 대고 진료하면 그것은 치료가 아니라 타인에게 해를 입히는 행위로 여겨지게 될 거예요.

의료 제도와 의료 행위는 따로 떨어져 있는 게 아닙니다. 정부가 제도를 바꾸어 이제껏 쌓여 온 합의를 없애 버린다면 의사들은 제대로 치료를 할 수 없습니다. 2024년 의사들이 더는 할 수 없다며 현장을 떠난 이유도 마찬가지지요. 수련의라는 신분으로 감내해야 하는 여러 고통과 손해가 있는데 이것을 전문의가 된 후의 미래가 보상하던 구조가 깨진 겁니다. 우리나라 의료를 현재 모습으로 만들어 온 의료 제도의 장점과 한계가 있는데 정부의 선택이 한계를 폭발시켜 버렸다고도 말할 수 있겠네요.

내과·외과와 같은 필수 의료 영역이나 지방의 의료 수요가 충족되지 않는다면 해당 영역의 보상을 늘리고 다른 영역의 보상은 조절하는 것이 다른 무엇보다 직접적인 해결책이 될 거예요. 하지만 정부는 어렵고 복잡한 선택을 하는 대신 의대 정원을 늘린다는 단순한 결정을 내리면서 오히려 문제를 해결 불가능하게 만들어 버렸어요.

안타까운 점은 다른 누구도 아닌 환자가 피해를 본다는 거지요. 이런 게 사회적 이유 때문에 좋은 진료를 할 수 없는 사례라고 할 수 있겠네요.

이상적이라고 생각하는
의사와 환자의 관계는 어떤 것일까요?

배려하는 관계가 아닐까요? 의사 쪽에서 환자를 배려하는 것은 그렇다 치더라도 환자가 꼭 의사를 배려해야 하나 생각할 수도 있을 것 같아요. 제가 말하는 배려는 일반적인 의미와는 다릅니다. 이것을 윤리적 또는 규범적 돌봄이라 이야기하곤 하는데요. 윤리적 돌봄이란 환자가 어떤 것에 관심이 있는지 고려하면서 그에 맞는 요구를 들어주고 잘되기를 바라며 동시에 환자는 그런 의료인의 돌보려는 노력을 인정하고 받아들이는 것을 말해요. 이에 따르면 환자와 의료인은 상호 의존 관계를 맺는다고 말할 수 있어요. 의료인은 환자에게 필요한 돌봄을 제공하는 한편, 환자는 의료인의 돌봄을 인정하며 그를 의료인으로 만듭니다. 환자 없는 의료인은 존재하지 않으니까요.

슬프지만 우리 모두는 병을 경험하며 살아요. 평생 아무런 병 없이 살길 바라는 것은 이상하지요. 물론 꼭 병을 병원에서만 치료해야 하는 것도 아니고 아무리 사소한 것이라도 바로 병원에 달려가야 할 필요는 없습니다. 그러나 결국 병원에 가야 한다면 병원과의 마음의 거리가 멀었던 것보다는 가까운 것이 본인에게도 훨씬 도움이 될 거예요.

사실 병원은 가기 싫은 곳입니다. 병원은 아픔과 고통을 연상시키고, 다소 위계적이며 이해하기가 어려운 말들도 많지요. 의료인, 제도, 사회 모두가 '친근한 병원'을 만들 수 있도록 노력해야겠습니다.

환자들을 만나면서
배우게 되는 것들은 어떤 것들이 있나요?

여러 번 강조하지만 의료인은 무엇보다도 관계를 배웁니다. 의료가 그 원천에서부터 관계적인 일이라는 사실도요. 또 의료인은 현실을 완전히 통제하는 것이 불가능함을, 의료에 불확실성이 내재해 있음을 알게 됩니다. 진료는 의사 혼자서 하는 것이 아니라 팀으로 접근하는 것이고 환자와 가족도 한 팀에 속한다는 것을 배우지요. 이에 더하여 의료적 상황과 결과는 생물학적 요인과 함께 사회적, 문화적, 제도적, 환경적 요인에 의해 결정된다는 것도 함께 알게 됩니다.

이런 깨달음은 오랜 시간 환자와 만나면서 겪은 시간이 만드는 것이기 때문에 환자들은 최신 지식을 배운 지 얼마 안 된 젊은 의사보다 '경험이 많은' 의사를 선호하게 됩니다. 혹자가 말하는 것처럼 의사의 일이 그저 정확히 진단하고 그에 맞는 치료 방법을 논문이나 교과서에 나와 있는 대로 따르는 것뿐이라면 당연히 젊은 의사를 찾아가거나 인공지능에게 묻는 게 좋지 않을까요? 오랜 기간 의식하지 못한 사이 자신과 세계에 대한 관찰을 통해 서서히 발전된 지식들이 선택을 좌우한다는 사실을 알기에 우리는 많은 것들을 이해하는 지혜로운 의사를 원하는 거지요.

어떤 의사가 좋은 의사라고 말할 수 있을까요?

의사는 일단 내 앞에 있는 환자의 건강을 살피는 사람이에요. 하지만 내 앞에 있는 환자는 누구까지를 말할까요? 제가 당장 진료하는 환자만 말할까요? 아니면 제가 앞으로 볼 수 있는 환자까지? 아니면 사회 전체를 환자로 보아야 할까요? 또 환자의 건강이란 무엇일까요? 의사는 건강을 위하는 사람일까요, 질병을 살피는 사람일까요?

이런 이야기를 할 때 단어의 의미를 세심하게 생각해 볼 필요가 있어요. 그러니 우선 건강이라는 말의 정의를 살펴봅시다. 보통 우리가 건강하다고 하면 병이 없는 상태를 생각합니다. 좋은 정의이긴 한데 병이라는 말이 문제가 됩니다. 병은 보통 생물학적 이상으로 인하여 발생한 기능 제한 또는 장애로 정의해요. 다시 말해 몸 때문에 하지 못하는 일이 있을 때 병이 있다고 합니다. 그런데 이렇게 하면 정신적·심리적 문제나 사회적·환경적 문제를 병이라고 이야기할 수 없게 된다는 문제가 있지요.

저는 건강을 개인의 바람과 목표를 성취하기 위해 필요한 능력이라고 정의합니다. 건강은 질병이 없다거나 모든 면에서 좋은 상태가 아닌 무언가를 할 수 있는 능력이에요. 우리의 신체적, 정신적, 사회적 능력은 저장소(reservoir)의 개념으로 잘 설명될 수 있습니다. 저장소라는 말은 생소하지요? 연못이나 저수지라고 하면 더 와닿을 거예요. 내가 무언가를 하려면 그만큼 내 안에 쌓인 게 있어야 해요. 힘도 있어야 하고 여유도 있어야 하고 환경도 받쳐 줘야 하지요. 그런 게 내 안에 차곡차곡 쌓인 저수지 같은 게 있어서 일이 생기면 저수지에서 힘이나 여유나 생각을 꺼내 쓴다고 생각해 볼게요. 사람마다 저수지의 크기도 형태도 다를 테고 그러다 보니 누군가에겐 쉬운 일이 누군가에겐 어려울 수 있을 겁니다. 하지만 자신이 원하는 것과 관련하여 자기 안에서 길어 낼 수 있는

▶▶ 물을 모으는 저수지처럼 우리 내면에 힘을 잘 쌓고 환경도 잘 조성되어야만 건강한 삶이 가능하다.

무언가가 있다면, 그리고 그것으로 원하는 것을 이루기에 충분하다면 그를 건강하다고 말하는 거지요.

예를 들어 제가 축구 경기에 참여하고 싶다고 해 봅시다. 제게 총합 90분을 뛸 체력과 공을 컨트롤할 수 있는 발재간, 축구의 규칙을 이해하고 다른 사람들의 지시와 소통을 이해할 수 있는 능력이 있다면 저는 건강합니다. 하지만 축구를 잘하고 싶은데 제가 규칙을 준수하고 따를 자제력이 없다면?

또, 저에게 체력이나 발재간 등 축구에 필요한 모든 능력이 있지만 제가 원하는 게 축구가 아니라면? 저를 건강하다고 말하기 어려워지지요.

이런 건강 개념을 사용하는 이유는 무엇보다 노인과 장애인의 건강을 설명해야 할 필요가 있기 때문입니다. 기존 개념에 따르면 노인이나 장애인은 어떻게 해도 건강하지 않습니다. 그런데 이렇게 말하는 게 옳은 일일까요? 노인과 장애인이 건강하지 않으므로 사회가 도와주어야 한다는 주장은 그 자체로 타당할 수도 있습니다. 그러나 당사자가 도움을 원치 않는다면 어떨까요? 실제로 현재의 방식은 다소 강제적으로 이루어질 때도 많습니다.

여기에서 관점을 바꾸어 노인과 장애인도 건강할 수 있고 그들이 건강하다고 말하기 위해 필요한 것은 바람과 능력뿐이라고 말하는 거지요. 이렇게 되면 노인과 장애인을 돕는 방식이 바뀔 거예요. 못 하는 일을 우리가 대신해 주는 게 아니라 원하는 일을 할 수 있게 환경을 만들고 보조하는 쪽으로 말이죠. 아니면 아예 그들이 원하는 것을 이루는 데 충분한 능력을 가지고 있으므로 애초부터 도움이 필요하지 않은 이

▸▸ 오늘날에는 인간의 탄생부터 죽음까지 대부분 병원에서 이루어진다.

들이라고 말할 수도 있을 거예요. 삶의 많은 영역이 점점 더 병원의 질서로 끌려 들어가고 있습니다. 대부분의 사람들은 병원에서 태어나 병원에서 죽지요. 많은 돌봄과 간병이 오로지 병원에서만 이루어집니다. 꼭 우리 삶의 모든 일이 병원에서 이루어지지 않아도 된다면 아니, 그렇게 하려면 우리에겐 우리 삶의 모든 것을 병으로 규정하는 방식과는 다른 접근이 필요합니다.

이런 건강 개념에는 정의라는 말을 붙이는 것이 이상하지 않습니다. 정의로운 건강을 위해서는 개인이 원하는 것을 성취하기 위한 능력이 올바른 방식으로 주어져야 겠지요. 그리고 이런 접근 방식은 사회 전체가 모두의 건강을 위해 노력해야 한다는 결론으로 나아가게 합니다.

왜 모두가 정의로운 건강을 위해 노력해야 한다고 생각하세요?

그게 모두를 위하는 길이라고 생각하기 때문입니다. 천천히 설명해 볼게요. 저는 요즘 아픔의 소통 불가능성에 많은 관심을 가지고 있습니다. 아픔을 타인에게 표현하고 전달하는 일은 어렵습니다. 저는 심지어 불가능하다고까지 생각합니다. 물론 우리는 몸이 아플 때 다른 사람에게 아프다고 말할 수 있고 그 이야기를 들은 사람은 자신이 이전에 아팠던 경험에 비추어서 타인의 아픔을 헤아릴 수 있습니다. 그러나 둘의 '아픔' 사이에는 현격한 차이가 있습니다.

이전에 아팠던 때를 떠올려 보고 그 아픔을 다른 사람에게 설명해야 한다고 하면 사실 너무 아팠다는 말 이외에 할 수 있는 말이 많지는 않습니다. 고통을 상세히 설명할 수 있는 언어가 있다면 이런 문제는 벌어지지 않을 겁니다. 하지만 "지금 경험하는 통증을 설명해 보세요."라는 말 앞에서 많은 사람은 말문이 막히는 경험을 합니다. 오죽하면 이게 매우 어려운 일이라는 것을 알기 때문에 병원에선 환자와 상담할 때 10센티미터 길이의 시각적 통증 평가 척도를 씁니다. "환자분, 0은 하나도 안 아픈 것이고 10은 상상할 수 있는 최악의 아픔이라고 한다면 지금 느끼는 통증은 몇 정도 될까요? 여기에 표시해 보세요."라고 요청하는 거지요. 이 숫자는 매우 주관적이기에 경도와 중증도의 통증을 구분하는 정도의 역할밖에 하지 못합니다만 그래도 상대방이 일반적인 기준에 비추어 심하게 아픈지 아닌지를 분간할 수 있고 과거 겪었던 통증과 지금의 통증을 비교하는 역할을 할 수 있기에 현장에서 많이 사용하고 있어요.

이런 상황을 놓고 철학자 비트겐슈타인은 '나'와 '너'의 고통은 다르고 우리는 그저 본인의 고통만을 알 수 있을 뿐이며 고통스러울 때 소리를 지르는 것이 고통을 표현하는 전부

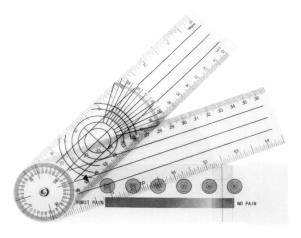

▶▶ 병원에서는 환자의 통증 정도를 잘 알기 위해 통증 평가 척도를 활용하기도 한다.

라고 말하기도 했지요. 우리는 타인의 행동을 보고 그 사람이 고통스럽다고 믿는다고 말할 뿐이라고요.

이런 상황을 전제하고 볼 때 본인의 병과 타인의 병은 다를 수밖에 없어요. 질병으로 인한 나의 경험은 같은 질병으로 인한 남의 경험과 상당히 다릅니다. 물론 비슷한 아픔을 지닌 사람은 서로 감정 이입할 수 있지요. 하지만 그뿐입니다. 그저 미루어 짐작할 뿐이에요.

그렇다고 미루어 짐작함을 무시해도 된다고 말하는 것은

아닙니다. 타인의 고통을 미루어 짐작한 우리는 타인을 돕기 위해 나섭니다. 그것은 내가 겪었던 고통을 타인이 겪지 않기를, 고통이 빨리 사라지기를 바라는 마음일 수도 있습니다. 그것은 내가 겪었던 외로움과 좌절을 떠올리고 상대방이 비슷한 상태에서 빠져나올 수 있기를 소망하는 노력일 수 있습니다. 그것은 질병으로 벌어졌던 이전의 혼란에서 다른 사람이 내밀어 주었던 손을 떠올리고 이제 스스로 손을 내밀려는 마음일 수 있지요. 우리는 평생 돕고 돌보는 일이 의료인의 일만이 아니라는 것을 경험하며 살아갑니다. 그렇다면 우리가 질병이라는 고난 앞에서 서로 도울 수 있으려면 이 미루어 짐작하는 능력을 갈고닦아야 합니다. 그리고 그것은 의료 인문학을 통해서 가능합니다. 타인의 아픔에 다가가려면 연습이 필요하고, 그 연습은 다시 타인의 아픔을 이해하고 그를 해결하려는 노력으로 이어지게 되지요. 모두의 건강을 위한 노력, 즉 정의로운 건강은 그에 관심을 가지는 이에게 자연스럽게 당면 과제로 주어진다고 생각해요. 적어도 저에게 그것은 해야 할 의무보다, 숨 쉬듯 당연하게 다가오는 삶의 한 부분으로 느껴집니다.

3. 의사의 마음,

의료인문학

의료인문학은 또
어떤 상황에서 필요한가요?

앞에서 잠깐 이야기했지만 의료인문학은 워낙 여러 영역을 포함하는 우산 같은 말이라서, 의료인문학 전체의 쓸모를 말하는 건 쉽지 않아요. 제가 집중하는 분야인 의료윤리학과 서사의학의 쓸모를 각각 말씀드리는 게 좋겠죠.

의료윤리학의 경우엔 학문 자체보단 사건을 하나 이야기해 보면 어떨까 합니다. 지금은 당뇨병 환자가 인슐린 주사를 맞는 것이 무척 당연해 보여요. 물론 여전히 당뇨병은 위험한 질병이지만 잘 관리한다면 문제없이 살아가는 것이 가능한 만성 질환이기도 하지요. 그런데 당뇨병을 치료할 수 있는 호르몬인 인슐린은 언제부터 사용할 수 있게 되었을까요? 동물 인슐린을 추출해서 인간에게 주사할 수 있다는 아이디어를 떠올린 것은 캐나다의 의사 프레데릭 밴팅이었어요. 그 업적으로 노벨 생리의학상도 수상했지요. 하지만 밴팅이 바로 성과를 냈던 것은 아니에요. 1920년 밴팅은 연구팀과 함께 인슐린에 관한 연구를 시작해 이듬해 인슐린을 분리하고 당뇨병에 걸린 개를 치료하는 데에 성공합니다. 1921년에는 당뇨병에 걸린 소년의 상태도 호전시키는 등 완전히 성공한 것 같았어요. 그때까지만 해도 당뇨병에 걸리면 삐쩍 말라 결국 죽는 수밖에 없었는데 밴팅이 인슐린을 발견하자 많은 사람들이 인슐린을 얻기 위해 캐나다로 모여들었습니다. 그런데 밴팅과 함께하던 연구자들은 인슐린의 대량 생산에 성공하지 못했어요.

이때, 밴팅의 실험실에서 만들어진 소량의 인슐린은 누구에게 주어졌을까요. 일부는 그가 근무하던 병원 소아과 환자들에게 주어졌습니다. 하지만 대부분은 밴팅의 친구나 당대

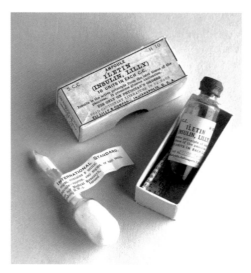

▶▶ 1923년 발매된 인슐린.
처음에는 만들 수 있는 양이 많지 않았다.

의 유명 인사들에게 공급됩니다.

　이에 대해 어떻게 생각하나요? 희귀한 자원이니까 어쩔 수 없다고 생각할 수도 있을 거예요. 하지만 누군가의 생사가 그 가족의 재력이나 인맥에 따라 결정된다는 생각에 대부분은 분노를 느낍니다. 그것은 명백히 잘못된 일이고 의료윤리가 없을 때 어떤 결과가 초래되는지 잘 보여 줍니다. 밴팅이 폭리를 취하거나 일부러 가난한 사람들은 무시하고 유명 인사에게만 인슐린을 준 것도 아닌 것처럼 보여요. 밴팅은 나쁜 사람이 아니었어요. 단지 기다리는 모두에게 공정하게 자원이 배분되어야 하고, 그를 위해 윤리적 원칙이 있어야 한다고 생각하지 못했던 것뿐이죠.

이런 문제가 벌어진 다음에 해결책을 논의하는 것은 어찌 보면 당연해 보여요. 하지만 어떤 기준을 따라야 할까요. 기준을 정했다면 우리가 그 기준을 따라야 하는 이유는 무엇일까요? 무엇보다 어떻게 환자 본인의 견해가 반영될 수 있도록 할 수 있을까요? 의료윤리는 이 모든 질문에 답하고, 해결 과정을 준비합니다. 그도 그럴 것이 닥쳐서 결정하면 이미 누군가 억울하게 희생된 다음일 수 있고 또한 아픈 사람은 그 상황에서 무언가를 따져 보거나 고려할 만한 여력이 없을 가능성이 크기에 이런 논의는 미리 해 두어야 할 필요가 있지요.

한편, 서사의학은 사례로 이야기하기 어려운 영역이에요. '서사의학'이라는 말을 들으면 많은 분들이 환자가 쓴 일기나 투병기를 연구하는 거라고 생각해요. 물론 그런 글을 분석

하고 이해하는 작업도 서사의학이라고 할 수 있기는 해요. 하지만 제가 하는 서사의학의 경우 이런 방향이랑은 약간 결이 다르답니다. 저는 동료들과 함께 문학을 읽고 영화를 봐요. 소설이나 영화의 등장인물, 상황, 사건 등 여러 요소들을 이해하고 평가해 보는 거예요. 또, 이것들을 건강과 의학의 관점에서 다시 해석해 보기도 하지요. 의학이 환자의 마음을 이해해야 한다면, 우리가 가장 쉽게 감정을 이입할 수 있는 방법은 문학 작품을 읽는 것이기에 같이 읽고 해석하는 훈련을 하는 겁니다. 이런 훈련이 실제 진료 상황에서는 물론이고 병원 바깥에서 건강에 대한 걱정을 토로하는 사람들이나 환자 단체, 심지어 보건의료 관련 회의에서 만나는 사람들의 이야기를 잘 듣는 데 도움이 될 수 있도록요.

수업 이름은 조금씩 차이가 있지만 요새 의료 계열 학과에는 다 '의료 커뮤니케이션'과 같은 수업이 있어요. 저도 학교에서 해당 과목을 맡고 있고요. 이런 과목에선 환자에게 어떻게 말해야 하는지를 가르쳐요.

저는 이 과목을 가르치면서도 늘 아쉽다는 생각을 해요. 잘 말하는 것이 중요하긴 한데 더 중요한 건 잘 듣는 거라고 생

▶▶ 서사의학이란 이야기를 세심하게 읽는 방법을 익혀 환자를 비롯한 타인의 이야기에 귀 기울이려는 접근법이라고 할 수 있다.

각하거든요. 사실 잘 들어야만 잘 말할 수 있습니다. 그런데 잘 듣는 훈련은 어디서도 안 시켜요. 잘 들으려면 환자랑 많이 이야기해 보면 됩니다. 하지만 환자와 이야기하는 경험을 쌓는 데는 오랜 시간이 걸려요. 선생으로서 잘하는 방법을 제공하기도 어려워서 스스로 시행착오를 쌓을 수밖에 없고요.

반면, 문학 읽기는 기본적으로 다른 사람이 쓴 이야기를 이해하는 일입니다. 문학을 잘 읽는다는 것은 글에 숨어 있는 여러 신호와 흔적들에 민감하게 반응하는 방법을 익히는 것이고요. 그렇기 때문에 문학 읽기는 과학책을 읽는 일과 달라요. 과학책을 읽을 때는 표시된 정보를 얼마나 정확히 파악하느냐가 중요하지요. 하지만 문학의 경우 표시된 것을 넘어 표시되지 않은 행간을 읽는 법을 배워야 해요.

환자가 들려주는 이야기는 여기저기가 비어 있어서 그 행간을 읽어 주어야 합니다. 문학 작품을 세심하게 살펴보고 의학과 연결 지어 보면서 환자의 이야기를 듣는 법을 훈련할 수 있겠지요. 이런 연습을 같이하면서 자신의 의학적 경험을 돌아보고 생각해 보는 것이 서사의학입니다. 문학적 접근과 의학적 접근이 이어져 있다고 믿는 거지요.

"소설을 왜 읽어야 하지? 당장 해야 할 공부도 많고 소설을 읽어도 쓸 데가 없잖아." 그런 생각을 해 보신 적 있나요? 하지만 소설처럼 독자의 정서적 참여를 가능하게 하는 문학 형식은 또 없어요. 소설의 구성과 행위에 대한 참여, 즉 동일시야말로 많은 독자들이 소설에서 깊은 즐거움을 찾는 이유입니다. 우리는 소설을 읽으면서 몇 번이고 다른 사람의 인생을 살아 보고 현실에서 할 수 없는 경험을 하며 아주 먼 곳까지 나아갈 수 있습니다. 인생은 단 한 번뿐이라 원래대로라면 '나'로 사는 것 외에 다른 삶을 경험하기는 힘들죠. 그러나 소설을 통해서는 인생을 몇 배로 증폭시키며 살아갈 수 있다는 점을 감안하면, 소설을 읽는 재미가 더 각별하게 느껴지지 않나요?

소설이 가진 신비 중 하나는 이야기가 흘러가며 등장인물만 변화하는 것이 아니라 독자도 변화한다는 것입니다. 소설이 사람을 만들고, 사람이 소설을 만드는 식으로 우리는 더 나은 삶을 향해, 새로운 생의 경험을 향해 나아갈 수 있습니다. 내 경험만으로 세상을 바라보는 게 아니라 타인의 관점을 폭넓게 알아 가고 싶다면 소설 읽기만큼 유용한 공부는 없을 것 같아요. 우리가 서로를 더 잘 이해할 수 있도록 독서를 게을리하지 말아 주세요.

서사의학은 이제 뭔지 알겠는데
의료윤리는 좀 더 막연하게 느껴지는 거 같아요.

제가 생각하는 의료윤리가 무엇인지 더 이야기하기 전에 의료윤리라는 말이나 개념이 사용되는 상황을 구분하고 시작할게요. 먼저 사회가 이상적으로 생각하는 의사상이 있고, 그에 미치지 못하거나 어긋나는 일을 하는 의사에게 '의료윤리'를 모른다며 비난할 때 등장하는 의료윤리가 있어요. 이것은 쓴 것처럼 사회에서 통용되는 이상적인 의사상과 연결되기에 의사들이 생각하는 방식과 다른 경우가 종종 있어요.

　일단 기본적으로 의료윤리라고 하면 전문가 집단 내부에서 통용되는 지침을 의미해요. 일할 때 필요한 행동 표준이라고 할 수도 있고요. 멀리는 '히포크라테스 선서'로부터, 18세기 영국 의사 토머스 퍼시벌이 쓴 『의료 윤리』, 19세기 미국 의사협회의 '윤리 규약', 현대의 히포크라테스 선서인 '제네바 선언' 등이 대표적입니다. 많은 분들이 의료윤리를 떠올릴 때 이 내용을 많이 생각하실 것 같아요.

　일상생활에서 의료윤리가 필요한 순간들은 언제가 있을까요? 예컨대 소셜미디어에 환자 관련 내용이나 진료실 사진을 분별없이 올리는 의료인이 있다고 생각해 봅시다. 많은 사람이 그러면 안 된다고 생각하며 눈살을 찌푸릴 수 있지요. 하지만 왜 안 되는 걸까요? 개인에겐 표현의 자유가 있고 소셜미디어의 활용은 표현의 자유에 속하는 일이니 의료인이 저

▶▶ 의과대학·치과대학 졸업식에서 학생들은 히포크라테스 선서를 외운다.

런 내용을 올린다고 해서 문제 삼는 것은 과한 일은 아닐까요? 물론 환자 개인을 특정할 수 있는 내용이나 개인 정보를 올리는 것은 위법이므로 안 돼요. 여기에서 말하는 건 그 외, 누군가에게 명확히 피해를 주진 않지만 사람들이 문제가 될수 있다고 생각하는 의료인의 소셜미디어 활용입니다. 이때소셜미디어에 아무 내용이나 올리면 기본적으로 비밀을 지키는 집단이라고 믿어 왔던 의료인에 대한 대중의 믿음이 깨어지므로 의료 단체가 중심이 되어 잘못을 지적하고 의료인의 소셜미디어 사용 지침을 발표하는 거지요. 많은 경우 '의료윤리'는 이런 식으로 작동하는 거라고 여길 것이고 의료인에게만 해당되는 일이라고 생각하기 쉬운 것 같아요.

하지만 제가 생각하는 의료윤리의 범주는 좀 더 넓습니다. 자신을 위해서도 모두를 위해서도 더 나은 결정을 내리려면 폭넓은 의료윤리가 꼭 필요하지요. 환자나 의료진처럼 의료적 상황에 관련된 사람들은 각각 다른 목적, 가치, 신념, 세계관을 가집니다. 어떨 때는 환자와 의료인의 목적이 다를 수 있지요. 아니면 의료인과 감독 기관의 신념이 상이할 수도 있습니다. 의료계와 사회의 세계관이 차이를 보이는 경우도 있지요.

예를 들어, 제가 진료하던 소아치과에서 겪었던 상황을 하나 언급해 볼까요. 부모님이 치과에 아이를 데리고 왔는데 아이의 이가 많이 상했어요. 누가 보아도 거의 모든 치아에 대한 치료를 해야 하는 상황입니다. 얼른 조치를 취해야 하는데 아이가 전에 치료받은 경험이 없기 때문에 수면 치료를 권하지요. 아이는 덜컥 겁을 먹어서 치료를 받지 않겠다고 말합니다. 부모님은 수면 치료라는 말이 무섭기도 하고 치료비가 상당히 신경이 쓰여서 다른 치료 계획을 고민합니다. 이때 누구의 뜻을 따라야 하는 걸까요. 치과 의사의 뜻에 따르자니 환자도 보호자도 만족스럽지 않습니다. 아이 뜻에 따라 치료를 하지 않으면 아이의 구강 건강은 더 크게 손상될 거예요. 부모의 뜻에 따라서 저렴한 치료 계획을 수면 치료 없이 진행하면 아이도 충격을 받게 되고 얼마 지나지 않아 다시 치료해야 할 수 있습니다. 어떻게 해야 할까요.

먼저 왜 서로 생각이 다른지 생각해 봐야 할 거예요. 각자는 정당한 요구를 하고 있는지, 모두의 필요를 돌보는 것이 가능한지도 살펴봐야겠지요. 서로가 감정적인 부분에서 어려움을 느끼진 않는지, 한 사람의 목소리가 커서 다른 사람의 목소리가 묻히거나 아예 배제되는지도 검토해 보아야 합니다. 서로의 선택을 인정할 수 있는지, 서로가 입장을 바꾸었을 때 어떤 선택을 할지 고민해 보는 일도 중요하지요. 이 과정을 거쳐서 모두가 만족할 수 있는 결정에 도달하는 것이 제가 생각하는 의료윤리입니다. 함께 고민해 봐야 하는 문제이기에 저는 의료윤리가 모두의 것이라고 외치고 있지요.

의료윤리는 어떤 과정을 통해서 만들어졌나요?

현대적인 의료윤리에 관한 논의가 시작된 것은 시민운동이 많이 이루어지던 1970년 대 후반이에요. 이런 흐름이 우리나라에 들어온 것은 90년대 후반이고요. 생각보다 오래되지는 않았죠. 물론 이전에도 의료윤리에 대한 관심은 있었습니다. 고대 그리스 시대부터 의사의 품위를 다루는 규정이나 문헌들이 계속 나왔고 근대에 의료 전문가 단체들이 생기면서 소속 구성원을 규정하고 규제하는 규칙들을 발표해 왔지요. 하지만 이때까지 의료윤리는 앞에서 말한 전문가들의 품위 유지를 위한 내부 지침에 가까웠어요.

이런 상황을 크게 바꾼 것은 제2차 세계 대전이에요. 전쟁이 끝나자 인간을 대상으로 끔찍한 실험들이 이루어졌다는 사실이 알려졌습니다. 특히 나치 의사들이 유대인, 장애인, 전쟁 포로 등을 대상으로 원치 않는 실험을 하거나 시술을 한 것이 큰 논란이 되었지요.

그러다 의료윤리가 특별한 악인의 문제를 넘어 보편적인

▶▶ 1967년 미국의 베트남전 반대 시위.
1960년대와 1970년대 전 세계에서 다양한 시민운동이 활발히 이루어졌다.

이슈가 된 것은 1970년대의 여러 스캔들 때문이었어요. 당시
미국에서 몇 가지 사건들이 있었습니다. 퀸란 사례라고 해서
부모가 식물인간 상태에 빠진 딸을 '괴롭히는' 산소 호흡기

를 멈춰 달라고 요구하는 사건이 있었고, 비슷한 시기에 로 대 웨이드 판결이라고 해서 임신 중절 시술 합법화에 관한 치 열한 법적 투쟁이 이루어지기도 했습니다.

이 두 사건에서 문제가 되었던 것은 환자 혹은 보호자가 원 하는 처치를 제공할 수 있는지 여부였습니다. 퀸란 사례에서 보호자는 산소 호흡기를 떼기를 바랐고, 임신 중절 시술 합법 화 과정에서 여성들은 의료 기관에서 임신 중절 시술을 받을 수 있는 권리를 주장했지만 당시 사회에서는 두 가지 모두 불 법이었으니까요.

그뿐만 아니라 의학과 기술의 발달로 인류 역사상 처음으 로 장기 이식 수술이 가능해지자, 몇 안 되는 '귀한' 장기를 누구에게 먼저 줄 것인가가 문제가 되기도 했습니다. 결국 위 급한 순서로 장기 이식을 받을 수 있도록 장기 이식 대기 명 단이 만들어졌지요. 이후엔 유전 공학이 발달하면서 아이가 태어나기 전에 장애나 질병 여부를 알아보는 유전자 진단이 이루어지기 시작했어요.

한편 진료뿐 아니라 의학 연구에서도 여러 문제들이 고발 되었습니다. 예를 들어 터스키기 사건이나 윌로브룩 사건처럼 당사자의 동의 없이 흑인이나 장애 아동 같은 소수자들을 생체 연구의 대상으로 삼았던 사실이 드러났던 것이지요.

이런 과정에서 인간을 괴롭혀 온 질병을 물리치고 인간의 생명을 연장하는 데 혁혁한 기여를 하는 것으로 여겨지던 의학 기술이 다른 과학 기술과 마찬가지로 반드시 인류의 이익을 위해서만 봉사하지 않을 수도 있다는 사실을 깨닫는 사람들이 생겼습니다. 지금 듣기에는 그렇게 새삼스럽게 깨달아야 하는 문제인가 싶기도 하겠지만 20세기 전반에는 기술의 발전을 일방적으로 찬양하는 분위기가 강했어요. 대부분의 사람들이 머지않아 모든 질병이 극복될 것이고 인류가 우주선을 타고 은하계를 탐험할 날이 올 거라고 생각했던 시기니까요.

의학 기술이 부자나 권력자 같은 소수에게만 이익을 주거나 발전 그 자체에 매몰되어 오히려 인간에게 해를 끼치거나 인간 본연의 가치를 위협하는 것은 아닌지 하는 문제 제기들은 의학 기술을 어떤 방향으로 발전시켜야 하는지에 대한 논의로 이어졌습니다. 이때 가장 중요하게 다루어졌던 것이 '환자(및 연구 대상자) 자율성'이지요. 의료인은 환자의 선택을 존중하고 그가 스스로 선택할 수 있도록 도와야 한다는 것입니다. 여기에 의료적 적절성이나 정의의 문제 등이 폭넓게 검토되면서 현재의 의료윤리가 만들어졌지요.

한국의 의료 상황에 있어서
가장 문제가 되는 것은 어떤 것이 있을까요?

대부분의 국가가 그렇기는 하지만 한국 의료는 기본적으로 진료실 중심으로 발전해 왔기 때문에 진료실에 오기 어려운 노인이나 장애인을 대상으로 한 방문 진료의 발전이 더딘 편입니다. 진료를 위해 여러 장비가 필요한 치과의 경우엔 더 큰 어려움이 있지요. 일본은 이런 문제를 해결하기 위해 이전부터 의사가 직접 환자의 집을 방문해 이루어지는 진료의 영역을 강화하기 위해 노력해 왔습니다. 노년층 인구가 계속 늘어나는 우리나라의 상황을 생각해 보았을 때 방문 진료가 더 늘어나야 할 필요가 있어요. 장애인 권역 진료 센터를 늘리고 방문 진료 시범 사업을 시행하고 있기는 하지만 많이 부족한 게 사실입니다.

▶▶ 병원 방문이 쉽지 않은 의료 취약 계층을 위해 의료 제도 개선이 필요하다는 목소리가 높아지고 있다.

그마저도 치과에 관해서는 충분한 논의가 이루어지지 못하고 있고요.

소수자 집단의 진료 문제도 계속 고민을 안깁니다. 다문화 가정이나 북한 이탈 주민 등이 언어적 장벽이나 경제적 문제 때문에 편하게 진료를 받지 못하고 있어요. 진료 환경에서 성 소수자는 여전히 배려받지 못하고 있고요. 성별 정정에 관련하여 진보적인 판결을 내린 바 있는 강영호 판사는 과거 성전 환자에게 성별을 바꾸고 싶으면 무엇을 하고 싶으냐고 물었더니 치과에 가겠다는 답을 들었다고 말한 적이 있어요. 치과에 진료받으러 가면 주민등록증을 내밀어야 하잖아요? 그때 주민등록증의 성별 표기와 겉보기 성별이 다르면 이상한 눈으로 쳐다봐서 치과 진료를 받으러 갈 수 없다는 거였죠. 또 북한 이탈 주민 지원 기관인 하나원의 설문 조사 결과에 따르면 가장 필요한 것으로 치과 치료를 꼽는 이들이 많습니다. 이와 같은 사실을 곰곰이 생각해 보면 우리 사회에는 분명 이들이 치과에 가서 치료를 받기 어렵도록 만드는 걸림돌들이 존재한다는 것을 알 수 있지요.

마지막으로 여전히 저소득층 의료 불평등은 해결되지 못한 문제입니다. 저소득층은 사회적·환경적 요인으로 인해 더 많은 질병에 시달리고 그로 인한 충격도 더 크지요. 또한 경제적 문제로 진료를 받기 어렵습니다. 이런 삼중고는 저소득층의 건강을 침해하고 있지요. 저소득층이 적절한 치료를 받을 수 있게 금전적인 지원을 하는 의료 보호 제도가 있습니다만 아직 명백한 한계가 있는 것이 사실입니다. 모든 사람이 적절한 치료를 받을 수 있도록 다양한 지원 정책을 마련할 필요가 있어요.

최근 의료윤리학에서
가장 쟁점이 되는 이슈가 있다면 무엇일까요?

　　　　　　　　　요 몇 년간 가장 뜨거
운 주제는 존엄사·안락사인 것 같습니다. 한 국회의원이 법
안을 발의하면서 촉발된 논쟁은 아직 뚜렷한 합의점을 찾고
있지는 못합니다. 저는 일본에서 사용하던 용례에 따라서 존
엄사는 연명 치료 중단, 즉 의학적으로 곧 사망할 것이 예상
되는 환자가 생명을 연장하기 위해 받던 치료나 조치 등을 받
지 않기로 선택하는 것으로, 안락사는 말기 환자가 생명을 단
축하기 위한 선택을 하고 그것을 실천으로 옮기는 것을 가리
키는 말로 구분해 설명하곤 합니다.

　최근 우리나라에서 이루어지는 논의는 의사가 말기 환자
에게 생명을 단축시키는 약물을 처방할 수 있는지에 집중되
고 있습니다. 찬성하는 쪽에선 이것이 말기 환자의 고통을 줄
이고 선택을 존중하기 위한 정책이라며 찬성하고 있고, 반대

▶▶ 찬성과 반대로만 나누어 생각할 때 문제 해결이 더 어려워질 수 있다.

하는 쪽에선 환자 자신의 뜻이 아닌 경제적 압박 같은 다른 이유 때문에 죽음을 선택하는 사람들이 생길 수 있다며 반대하고 있습니다.

어느 쪽이 옳다고 말하지는 않으려 합니다. 사실 크게 볼 때 양편은 모두 환자의 선택을 존중하기를 원하고 있어요. 따라서 지금 우리에게 필요한 것은 찬반보다도, 환자의 선택을 존중한다는 것은 무엇이며, 한국적 맥락에서 그것을 실현하기 위한 절차 및 제도는 어떤 형태를 띠어야 하는가에 집중될 필요가 있다고 생각합니다. 아직 이 논의도 하지 않은 상황에서 구체적인 사안을 논의하는 건 성급한 일이에요.

의료인문학에서는 인공지능 의사에 관해서도 다루나요? 그렇다면 그 입장이 궁금합니다.

저는 제 진료를 대신해주는 인공지능 로봇이 나온다면 환영입니다. 제발 나왔으면 좋겠어요. 그런데 기술이 아무리 발달한다고 해도 누군가는 진료에 책임을 져야 합니다. 인공지능 의사가 도입되면 손으로 해야 하는 일은 더 줄어들고 입으로 해야 하는 일이 더 늘어나게 되겠지요. 사실 저는 뒤에 예약이 없으면 환자들이랑 30분씩 상담을 나누기도 했는데 그러면 병원 직원들한테 제발 좀 그만하라는 말을 듣곤 했어요. 저는 그런 대화가 중요하다고 생각하지만 병원에서는 길게 상담을 이어가지 못하는 경우가 더 많잖아요? 의사들이 나쁜 의도가 있거나 귀찮아서 그러는 게 아니고 시간과 정성을 들이는 상담에는 돈을 주지 않는 것이 문제입니다. 아무리 제가 전심을 다해서 상담

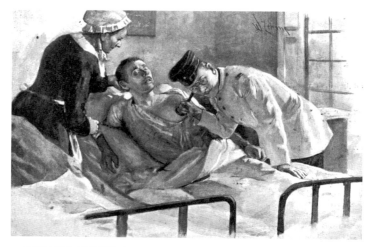
▶▶ 19세기 의료 현장의 풍경.

을 하고, 그 결과 앞으로 환자의 치아에 아무 문제가 생기지
않게 조치했다 해도 병원 입장에서는 아무 이득이 없습니다.
그러니까 그렇게 긴 상담이 이어지면 좋아하지 않을 수도 있
겠죠.

　저는 이런 문화가 바뀌어야 한다고 생각하는 편입니다. 만
일 컴퓨터가 일을 대신해 줄 수 있다면 정성 들여 상담해도
뭐라는 사람이 없겠죠. 그래서 저는 제대로 된 인공지능 진료
가 도입될 수 있다면 환영하고 싶어요.

저는 의료인문학을 하다 보니까 옛날에 의학이 어땠는지에 대해서도 공부했습니다. 특히 현대 의학이 싹트던 19세기를 특히 집중적으로 살폈지요. 그 시절에 의사들이 했던 많은 일들을 이제는 기계와 기구의 도움을 받아서 하고 있어요. 그렇다고 해서 의사한테 돈을 덜 줘야 한다거나 의사의 일이 필요 없어졌다고 생각하는 사람은 아무도 없습니다.

만일 의료 서비스가 물건 구입하는 것처럼 버튼 하나로 해결되는 세상이 온다면 의사가 필요 없어질지도 모르지만 그걸 바라는 사람이 정말 많이 있을까요? 인공지능에게 진료를 받고 그 결과를 모두 환자가 감당해야 하는 상황은 누구도 원하지 않을 겁니다. 결국 인간은 인간으로부터의 조언을 원하게 되어 있으니까요. 인공지능에게 조언을 구한다 해도 먼저 인간 의사 선생님에게 물어보겠죠. "선생님 저 이거 받아도 돼요?" 하고요. 그 질문에 답하는 순간 결국 책임은 인간 의사가 지게 되는 거예요. 그리고 그 책임에는 당연히 의무와 권리가 부여될 겁니다.

인공지능이 본격적으로 활용되며 세간의 생각이 바뀐다면 또 어떻게 될지 지금으로서는 모르겠어요. 그러나 저는 아무

리 기술이 발달한다고 해도 인간이 더 잘할 수 있는 일이 있
다고 믿기 때문에 이 일을 하고 있습니다.

힘든 순간들에 마음을 다잡는
선생님만의 방법이 있을까요?

　　　　　　　　　　　　　　많은 분들이 운동을 하
시죠. 저는 요가를 꽤 오래 했는데요. 무슨 종목이 되었든 좋
아하는 운동이 하나쯤 있으면 좋아요. 꼭 운동이 아니더라도
좋아하는 취미가 있으면 그걸 해도 좋죠.

　취미 얘기가 나와서 말인데, 취미 생활에 무척 몰두하는 학
생들도 있어요. 상담할 때 "제가 좋아하는 일이 따로 있는데
왜 의학을 배우고 있는지 모르겠어요." 같은 얘기를 하는 거
죠. 저도 어느 정도는 그런 학생이었고요. 하지만 저는 취미

와 공부는 병행하는 게 더 좋다고 생각합니다. 취미 생활을 통해 배운 것들이 당장은 상관없어 보여도, 나중에 의료인이 되어서 여러 가지로 도움이 되는 경우도 많고요!

많이 이야기했지만 의대에 진학한다고 그걸로 진로 선택이 끝나는 것은 아닙니다. 저는 수련의를 마칠 즈음에 "내가 지금 뭐 하고 있는 거지?" 하는 생각을 많이 했어요. 그런 의문을 해소하기 위해 새로운 길을 택해 나아갔고요. 여러분들이 어떤 선택을 내리더라도 계속해서 새로운 고민을 마주하게 될 텐데 그럴 때 진심으로 좋아하는 것들은 항상 큰 도움을 줄 겁니다.

좋아하는 것을 발견하는 방법이 있을까요?

고정된 방법이 있는 건 아니겠지요? 모두에게 마음속 깊이 품은 소중한 것들이 있으리라고 생각해요. 그걸 꺼내 놓을지 아니면 그냥 깊이 묻어 놓은 채로 잊어버릴지가 다른 거겠죠. 단지 그 소중한 것이 언제나 똑같지는 않다는 사실을 한번쯤 생각해 보면 좋겠어요. 예컨대 지금 컴퓨터 게임을 하는 걸 좋아하거나 노래를 부르는 걸 좋아하는 사람도 있겠지요. 그럴 때 무조건 프로게이머가 되거나 가수가 되어야 하는 건 아니에요. 게임을 즐기고 사랑하는 방식도, 노래를 부르고 선보이는 방식도 생각보다 다양하게 존재해요. 그럴 때 내 삶의 조건과 방향, 가치를 같이 이야기하고 어떻게 피워 나갈지를 상담할 사람이 필요합니다. 선생님일 수도 있고 부모님일 수도 있고 친구일 수도 있으며 인터넷에서 만난 누군가일 수도 있겠지요. 그런 상담자를 만나는 게 좋아하는 것을 발견할 때 가장 중요한 요소라는 생각이 드네요.

남들과 잘 소통하는 비결은 무엇이 있을까요?

일반적인 소통에 대해선 말씀드릴 만한 주제가 되지도 못하고 그런 능력도 없어요. 의료적 상황에만 국한해 이런저런 말을 할 수 있을 텐데

▶▶ 난파란 배가 항해 중에 폭풍우 같은 것으로 부서지거나 뒤집히는 것을 말한다.

요. 다시 강조하지만 의료적 상황에서 남과 잘 소통하기 위해
선 잘 듣는 게 가장 중요해요. 환자는 질병에 걸린 사람입니
다. 질병에 대해서 여러 가지로 표현할 수 있는데 저는 한 사
회학자가 말한 '난파'라는 비유가 가장 적절한 것 같아요. 우
리는 보통 삶을 여행에 비교하곤 해요. 삶에는 출발점이 있
고 어디일지는 모르겠지만 도착점이 있는 것 같고 그 중간의
'여정'에서 많은 일이 벌어진다는 거지요. 이런 비유는 보통
잘 들어맞습니다. 그런데 병에 걸리면 이전에는 당연한 것들
이 당연하지 않게 되어요. 만날 수 있던 사람들을 만나지 못

하게 되고 취미나 여가 생활의 방식을 바꿔야 하는 경우도 있어요. 일을 조정하거나 그만두어야 하는 경우도 생기죠. 이전에는 삶의 여정에서 어디쯤 와 있고 다음은 어디로 가야할지 따져 볼 수 있었는데 이제는 그런 방향 잡기가 어려워지는 거예요. 어디로 가야 할지 모르는 상황이 되는 거죠. 병에 걸린 사람은 태풍을 만난 것처럼 바다에 빠진 것처럼 어쩔 줄 모르게 됩니다.

그러다 보니 환자의 이야기는 일관성이 떨어지는 경우가 많아요. 의과학적으로 접근하는 의료진은 환자의 말에서 조각난 증거를 발견해서 병을 진단하고 치료 계획을 세워야 합니다. 한편, 의료인문학으로 접근하는 의료진은 끊어지고 혼란스럽고 뒤섞인 말이 어떤 의미를 지니는지 어떻게 반응해야 하는지 매번 고민하고 해석해 내려 노력합니다. 환자의 말을 잘 들으려면 그냥 친구 말이나 선생님 말 듣는 것처럼 들어선 안 돼요. 잘 듣기 위한 훈련과 기술 없이 의과학적으로만 사고하는 의료진에게 환자 말을 듣는 일은 어렵거나 쓸데없는 일로 여겨질 거예요.

잘 듣기 위한 훈련으로 같이 책을 읽는 일이 서사의학이라고 말씀드렸죠? 물론 그냥 책을 읽는 걸로는 안 되고 잘 끌고 갈 수 있는 진행자와 함께 읽어서 문학의 여러 지점들을 의학적 요소나 상황과 연결 지어 생각해 보는 것이 중요하답니다.

글쓰기, 강의, 연구 등 일이 많을 텐데 시간 관리를 어떻게 하나요?

쉬운 일은 아닌데요, 저는 일단 한 가지씩 빼면서 살아가고 있는 듯해요. 시간은 한정되어 있고 그렇다고 잠을 줄일 수는 없어요. 잠을 줄이면 정신적으로든 육체적으로든 좋지 않거든요. 정해진 시간 안에 일을 다 하려다 보니 점심시간이 없어졌고요. 친구들을 만나거나 연락하는 시간이 없어졌어요. 그다음으로는 잠깐 휴식하고 노는 시간을 공부하는 시간으로 쓰게 됐습니다. 예를 들면 제가 쓰는 글 중에 영화나 소설과 관련된 작업들이 있으니까 영화나 소설 볼 때 잠깐 쉬는 겁니다. 따로 쉬는 시간을 만들어 영화를 보는 게 아니라 일을 겸해서 보는 식으로요.

저는 원체 시간을 아쉬워하고 어떻게든 쪼개 쓰는 유형이

▸▸ 김준혁 저자가 지금까지 쓰거나 번역한 책.

라 새삼 시간을 관리해야 한다는 생각이 와닿지 않긴 해요. 이상하게 들릴지 모르겠지만 다시는 주워 담을 수 없는 거의 유일한 게 시간인데 어떻게 그냥 보내지 하는 생각을 기본적으로 가지고 있습니다. 이렇게 살아야 한다고 말할 생각은 없어요. 단지 무언가를 남기려면 시간을 잘 쪼개서 정리해야 할 필요는 있다는 거지요. 저도 저술, 번역, 연구, 교육, 강연, 프로그래밍 등을 남는 시간에 나누어 하니까요. 자투리 시간이라 무언가 만들거나 집중하기 어려울 것 같다고요? 나중에 돌아보면 자투리들의 합이 큰 덩어리를 만들어 냈음을 발견하게 될 거예요.

공부를 하며 마음이 힘들 때
어떻게 극복했나요?

공부를 왜 하는가라는 질문에 제일 좋은 답은 공부가 필요하기 때문에 한다는 것 같습니다. 저에게는 한 글자라도 더 보는 게 소중했던 시기가 있어요. 그때는 주변 사람에게 도움이 되고 싶다는 마음이 간절했죠. 공부를 안 하면 제가 잘못하고 있는 느낌이 들었기 때문에 밥을 안 먹고, 친구들도 안 만나도 아무 문제가 없었어요. 공부가 너무 소중했으니까요.

돌아보면 그런 환경을 늦게 만났다는 사실이 아쉽기는 하죠. 공부를 하는 게 스스로에게 정말 필요하고 좋은 일이어서 열심히 한다는 마음을 고등학교 때 발견하면 좋을 텐데 현실적으로는 환경이 되지 않잖아요. 모든 게 의미가 없다고 느끼면 슬럼프가 생기는 듯해요. 거꾸로 얘기하면 "왜 공부해야 하는지 모르겠다."거나 "이게 나한테 무슨 도움이 될까?"라는 생각이 슬럼프의 원인이 아닐까 합니다. 제가 할 수 있는 이야기는 혼자 생각하기보다는 같이 이야기하자는 거예요. 저에게는 비슷한 시기에 비슷한 경험, 비슷한 고민을 한 수많은 사람들과 이야기해 본 경험이 있습니다. 지금까지 왜 공부를 했고 공부하는 과정이 나한테 무엇을 주었는지에 대해서 대화를 통해 풀어 가자는 거죠. 믿을 수 있는 사람과의 대화도 중요하지만 스스로와의 대화도 중요합니다. "나는 왜 이걸 하고 있을까?" "이게 나한테는 어떤 필요가 있는 걸까?" "내가 이 공부를 너무 하기 싫다면 혹시 방향 설정이 잘못되어 있는 건 아닐까?" "내가 나중에 쉰 살이 되고 예순 살이 되었을 때에도 재밌어할 분야는 무엇일까?" 하는 고민을 꼭 해 보기를 권합니다.

어떤 직업이든지 막상 그 일을 하게 되면 또 다른 고민이 시작됩니다. 그 직업을

갖게 되기만 하면 고민이 끝날 것 같지만 막상 일을 하다 보면 그렇지 않다는 사실을 알게 되지요. 업계에 들어와 보니 해결해야 할 문제가 있고 그런데 그 문제는 도통 해결될 것 같지 않고 대체 그동안 무엇을 위해 노력해서 여기까지 왔는지 힘이 빠질 수도 있어요. 성적보다 재능과 흥미로 직업을 택하는 것처럼 보이는 배우, 감독, 웹툰 작가, 소설가 모두 같은 고민에 빠지곤 합니다. 창작하는 일을 하는 사람들은 애초에 창작에 대한 열정도 있고 재능이 어느 정도 검증된 사람들임에도 그 일을 직업으로 하게 되면 "이게 맞는 길일까?" 하는 고민을 하게 되는 거예요. 언젠가 한 학생이 어떤 영화감독에게 이런 질문을 했습니다. "영화를 계속 만드는 일이 힘드실 때 어떻게 극복하셨어요?"라고요. 그 감독은 내가 원하는 것이 '영화감독 되기'인지, '영화 만들기'인지 생각해 보라고 했습니다. 분명 영화를 만들고 싶어서 이 길을 걷기 시작했을 텐데 어느 순간부터 영화감독이 되는 데에만 매달려 있으면 자기가 지켜 온 중심이 흔들리기 시작한다고 말이지요. 영화감독뿐 아니라 의사 역시 마찬가지라고 생각합니다. '의사 되기'에 초점을 맞춰서 온 힘을 다해 달려 왔다고요? 왜 의사가 되고 싶었나요? 무엇을 하고 싶었나요? 합격만 보고 가다 보면 목표를 달성한 뒤 오히려 방황하게 되기도 합니다. 무엇을 위해 의사가 되고 싶은가요? 그 질문을 먼저 진지하게 마주해 보세요.

선생님을 보면 공부를 한 번 하고 끝이 아니라,
한평생 계속해 나가는 것이라는 생각을 하게 됩니다.

의료 분야만 그런 것은
아닌 것 같고 많은 곳에서 평생 학습을 점점 더 강조하고 있
는 것 같아요. 빠르게 변화하고 새로운 것이 계속 등장하는
세상에서 가만히 있는 것도 어렵지요. 사실 저는 시간과 장소
만 허락된다면 공부하는 것 자체를 즐거워하는 편이긴 해요.
신체 활동이나 사회 활동에 큰 흥미가 없는 사람이라서 그런
것 같습니다. 다만 저한테는 무언가를 알고 싶다는 욕구가 가
득해요. 세상엔 참 신기한 게 많지요. 발견의 즐거움이라고
말할 수 있을 텐데, 이건 모든 영역에 적용돼요. 책도 발견의
수단일 수 있고, 심지어 운동이나 요리도 발견의 수단이 되지
요. 그 발견이 사실 '공부'거든요. 이미 여러분도 공부의 즐거
움을 알고 있어요. 영역이 다를 뿐이겠지요.

저에게 글은 타인을 향하는 것이에요. 윤리와 이론은 특정 개인의 결정이 아닌 많은 사람들의 합의라고 생각해요. 그렇다고 이런 논의들을 다수결로 결정하면 되는 건 아니겠죠. 합의를 할 때는 먼저 사안을 충분히 검토해 보아야 합니다. 하지만 보통 사람들은 이전에 가지고 있던 인상이나 익숙한 가정에서 쉽게 도출되는 결론을 문제의 해결책이라고 생각하기 쉽습니다. 그런 결론을 많은 사람들이 공유하고 있다고 해서 그것이 우리 사회의 '합의'라고 생각하면 안 된다고 보아요. 더 나은 합의를 위해서는 사람들이 문제를 숙고하게 해야 합니다. 이것을 위해 제가 할 수 있는 것이 글쓰기이다 보니 저는 계속 씁니다.

저는 의료인문학적 접

근을 하는 데 있어 의사나 병원이 꼭 등장해야 한다고 생각하지는 않아요. 건강, 질병, 치료, 몸, 돌봄, 의료 기술, 장애 등과 어떤 식으로든 관련되어 있다면 의료인문학에서 다루는 데 충분하다고 생각합니다. 하지만 의사가 주인공인 작품이라면 오랫동안 좋아했던 드라마 「하우스」(2004~12)를 꼽겠습니다. 주인공의 특징 때문에라도 주인공과 다른 등장인물의 관계 때문에라도 그리고 작품이 은근하게 제시하고 있는 현대 의료의 명과 암 때문에라도 이 작품은 볼 만합니다.

책 『의사가 되기 위한 첫 의학책』

의사라는 직업은 인간이 존재한 시간만큼 오랜 역사를 가지고 있습니다. 생로병사를 거치는 동안 어떻게 고통을 줄이고 죽음을 지연시킬 수 있을까 하는 문제는 모든 사람의 관심사라 해도 지나치지 않을 거예요. 『의사가 되기 위한 첫 의학책』(안나 바로트식 지음, 서진석 옮김, 안녕로빈 2022)은 역사를 포함한 의학의 세계를 다루는 그림책입니다. 인간은 언제부터 인간의 몸속을 들여다보았을까요? 우리 몸의 장기가 어떤 일을 하는지 전문적으로 다루는 학문이 있다는데 무엇일까요? 의사는 수술 전에 환자의 혈액형을 검사한다는데 왜 그럴까요? 이 책은 의료 분야와 관련한 시시콜콜한 질문을 의학의 역사와 연계해 보여 주는 책입니다. 성공의 역사를 담기도 했지만 실패의 역사 역시 놓치지 않고 있어요. 의료 기술의 발전은 많은 사람의 노력이 필요한 일이었고 그 과정에서 죽음을 맞이한 환자들도 분명 있었으니까요. 19세기까지만 해도 의과대학에 외과 전공이 따로 없었다고 해요. 중세에는 종교적인 이유로 수백 년 동안 칼을 이용한 수술은 금지되었고요. 그럼에도 외과적 처치는 오랫동안 존재했습니다. 고대 이집트 때는 면이나 리넨 같은 것으로 상처를 덮어 감염을 예방했고 고대 그리스와 로마에서는 뛰어난 의사들이 외과 수술을 집도하기도 했습니다. 이 책은 의사라는 직업 세계에 대해 몰랐던 사실을 말해 줄 거예요.

책 『우리가 빛의 속도로 갈 수 없다면』

김초엽 작가는 한국 SF를 대표하는 소설가 중 한 사람입니다. 과학도였던 과학 소설가답게, 김초엽 작가의 소설에서는 여러 과학적 상상력을 만날 수 있습니다. 특히 정상과 비정상, 성공과 실패, 주류와 비주류 등 경계에 관해 여러 생각할 거리를 안게 되지요. 김초엽 작가는 열여섯 살에 신경성 난청을 진단받았는데요. 청각 장애를 지닌 채 살아온 작가 스스로 경계적인 삶의 경험을 이야기로 풀어내고 있습니다. 김초엽 작가는 사람들이 도저히 이해할 수 없는 무엇을 탐구하고 천착하는 이야기를 좋아한다고 합니다.

김초엽 작가의 세계가 담긴 소설집이 바로 『우리가 빛의 속도로 갈 수 없다면』 (허블 2019)입니다. 이 책에도 의료 쟁점을 미래의 시점에서 상상할 수 있는 이야기가 실려 있습니다. 예를 들어 「순례자들은 왜 돌아오지 않는가」라는 첫 번째 수록작에서는 '완벽한' 유전자의 선택이 가능해진 미래에 완벽의 범주에 속하지 못하는 사람들은 경계 밖으로 밀려납니다. 이러한 세계에서는 어떤 일이 벌어지게 될까요? 김초엽 작가의 소설은 상상력으로 그려 낸 근사한 세계를 탐험하게 하고 한발 더 나아가, 우리를 돌아보게 합니다. 유토피아에 대한 기대도, 디스토피아에 대한 상상도 고루 만나 볼 수 있는 책입니다. 먼 미래에 우리는 지금과 다른 모습으로 다른 세계에서 살아가게 되겠지만 누군가는 외롭고 고독할 것이며 닿기를 갈망할 것이라는 메시지를 전하기도 합니다.

책 『아픔에도 우선순위가 있나요?』

삶에 고통만 남았을 때 죽음을 선택할 수 있을까요? 원하는 모습으로 태어날 수 있다면 좋지 않을까요? 아이를 낳는 것은 누가 결정할까요? 헬스 애플리케이션에 저장된 우리 데이터는 어디로 갈까요? 이 책에서 이야기를 나눈 김준혁 선생님의 책 『아픔에도 우선순위가 있나요?』(휴머니스트 2022)는 오늘날 가장 뜨거운 의료 쟁점을 의료윤리의 관점에서 다루는 책입니다. 안락사, 유전자 조작, 성형 수술, 임신 중지, 의료 데이터를 비롯한 이슈를 청소년도 이해하기 쉽게 이야기해요. 장래 희망이 의사인 사람이라면 이 책에 실린 질문들을 앞으로 숱하게 접하게 될 거예요. 김준혁 선생님은 이 책에서 한 사람의 의료인이자 학생들을 지도하는 교수의 입장에서 참고가 될 만한 책과 영화를 소개하며 사려 깊은 조언을 건넵니다. 이제는 일상화된 헬스 애플리케이션에 대한 이야기를 예로 들어 볼까요? 김준혁 선생님은 몸의 일부분과 우리의 몸에서 나온 데이터는 같은 선상에 놓고 보아야 한다는 의견을 들려줍니다. 모두 우리 몸에서 나온 것이니 사고팔 수 없는 대상으로 보아야 한다는 말입니다. 건강 관련 데이터를 판매하는 것에 문제가 있다고 보는 것이지요. 기업이나 정부의 데이터 활용 결정에 대해 개인들이 발언권과 결정권을 지닐 수 있어야 해요. 무심코 사용하는 애플리케이션에 저장되는 데이터와 관련한 이슈를 생각할 수 있는 책인 동시에 의료윤리를 현실적인 질문으로 쉽게 살펴볼 수 있게 해 줍니다.

영화 『진주만』

제2차 세계 대전에 미국이 참전하는 계기가 된 일본의 진주만 공습. 전쟁을 시작한 일본은 동남아시아로 세를 넓히고자 계획했으나 미국이 방해가 되자 하와이 오아후섬 진주만을 공습했습니다. 여자 주인공 에벌린은 미 해군 간호사입니다. 해군 병원에 몰려드는 환자들을 보면서 에벌린은 오는 순서대로 환자를 볼 순 없겠다는 생각에 환자의 위중도를 표시할 방법을 찾다가 립스틱을 꺼내 환자의 이마에 상태를 표시합니다. 이런 부상자 분류는 응급 상황에서 치료 우선순위를 결정하는 방식으로 활용되고 있습니다. 응급실이나 재난 상황에서 환자 분류는 필수적입니다. 그런데 여기서 질문. 환자를 분류한 이후에는 어떻게 해야 할까요? 『진주만』(2011)에서처럼 공습이 한창이라면 가벼운 부상을 입은 환자를 우선 치료해 다시 전장으로 보내는 것이 맞을까요? 부상의 경중은 이러한 우선순위를 정하는 것과 관계가 없는 것일까요? 먼저 온 환자가 먼저 치료받으면 안 되는 것일까요? 누구를 먼저 치료할지 결정하는 것은 그 집단 혹은 사회가 무엇을 우선시하는지 보여 줍니다. 먼저 온 사람이 먼저 치료받아야 한다고 주장한다면 그 사람은 기회의 평등을 중요시하는 사람이겠지요. 부상의 위중함에 따라 치료 순서를 정해야 한다고 믿는 사람이라면 약자를 돕는 일을 우선시하는 사람일 가능성이 클 테고요. 계급이 높은 사람부터 치료해야 한다는 사람이라면 사회에 대한 공헌도를 우선시하는 사람일 수 있겠죠. 사실 현실에서는 경우에 따라 기준이 다르게 적용됩니다. 약자를 우선시하는 경우는 장기 이식이나 응급실 상황을 예로 들 수 있고 이득의 총량을 우선시하는 경우는 보험 제도를 예로 들 수 있습니다. 흥미롭지 않나요?

영화 『부산행』

정체불명의 바이러스가 확산되고 있습니다. 석우는 자신의 생존에만 관심이 있는 투자 관리자로, 딸의 생일을 챙기지 못한 데 대한 죄책감을 가지고 있죠. 석우는 엄마를 보고 싶어 하는 딸의 부탁 때문에 부산행 고속 열차에 타게 됩니다. 이 열차에는 몰래 탑승한 소녀가 있었는데 이미 감염된 상태예요. 이 소녀로 인해 열차 탑승자들이 하나씩 좀비로 변하게 되는 과정에서 임신한 아내 성경을 지키려는 상화, 친구와 연인을 지키려는 영국 등이 살아남기 위한 사투를 벌입니다. 영화는 고속 열차에 탄 군중의 움직임을 포착하는데요. 『부산행』(2016)은 감염병에 대해 어떻게 생각하고 대응하면 좋을지에 대해 질문을 제시합니다. 공동체 전체의 생존이 경각에 달린 순간에도 '격리'를 선택한 다수를 이기주의자들이라고 비난할 수 있을까 하는 것이지요. 격리는 필요악이 맞을지도 모르지만, 격리는 악해질 수 있으며 그에 대한 보완이나 상쇄의 시도가 있어야 한다는 점을 잊어서는 안 됩니다. 그래야 우리 모두의 의무인 인권 보호의 노력이 충분했다고 이야기할 수 있을 테니까요.

영화 『블레이드 러너』

오염될 대로 오염된 미래의 지구. 인류는 우주 진출에 성공했습니다. 인류는 인간과 비슷하지만 힘과 능력이 월등한 안드로이드인 레플리칸트를 만들어 우주 개발에 활용해 왔는데요. 한편 지구는 환경 오염이 극심해 유전 질환 발생과 기형아 출생의 가능성이 매우 높아져 있습니다. 우주로 이주하는 데 필요한 돈이 없는 사람들만이 지구에 머물고 있는 형국이지요. 안드로이드는 고된 노동에서 벗어나기 위해 다른 행성으로 이주하고자 하는데 이런 안드로이드를 제거하는 역할을 맡은 사람들이 '블레이드 러너'입니다. 이야기는 안드로이드 로이 배티가 이끄는 집단이 지구로 숨어들면서 시작됩니다. 『블레이드 러너』(1982)는 인간과 비인간을 구분 짓는 선에 대해 질문을 던져요.

단순히 어떤 위해를 일으킬지 모르기 때문에 유전자 조작을 특별하게 취급하는 것은 적절하지 않습니다. 그 점에서는 다른 공학 기술과 유전자 조작이 굳이 구분될 이유가 없거든요. 하지만 유전자 조작으로 인해 인간이 더는 인간이 아니게 되는 순간이 온다면 이야기가 달라지지요. 『블레이드 러너』가 만들어지던 당시에는 꿈같은 이야기였을지 모르겠습니다만 생물에 대한 유전자 조작은 2000년대 중반부터 가시적 성과를 내고 있습니다. 언젠가 인간과 비슷한 생물을 만드는 것도 가능해질지 모르죠. 우리가 유전자 조작 기술을 적극적으로 활용하게 된다면 진화로 이어져 온 생물학적 과정에 직접 개입하는 셈이 됩니다. 그날이 오면 우리는 두 가지 중 하나를 선택할 수 있게 될 거예요. 인간의 유전자를 불가침의 영역으로 남겨 놓거나 인간의 정의가 변경되는 것을 수용하거나. 우리의 지금 모습만이 유일한 '인간'일까요? 이 질문은 장애를 가진 사람들이 오랫동안 우리에게 던진 것이기도 해요.

물리 치료사

물리 치료사는 근골격계 혹은 신경계 손상 환자의 재활 치료와 신체 교정을 하는 재활 전문가입니다. 주로 도수 치료, 전기 치료, 온열 치료 등의 업무를 수행하지요. 물리 치료사는 신체 기능 장애나 통증을 완화하고 회복시켜 주고 신체의 기능적인 움직임을 회복하는 데 도움을 줍니다. 몸의 움직임이 불편할 때 혹은 통증이 심해 생활이 어려울 때 정형외과에 가면 물리 치료사를 만날 수 있어요. 최근에는 스마트 기기 이용으로 인해 바른 자세를 유지하지 못하는 경우가 늘어 물리 치료사의 도움이 필요한 사람이 늘고 있습니다. 물리 치료사는 때때로 환자가 집에서 할 수 있는 간단한 운동을 알려 주기도 하는데요. 장기적으로 통증을 관리해야 하는 환자들에게는 이런 생활 지도가 필수적입니다. 병원 치료로도 쉽게 나아지지 않는 만성 통증의 경우 치료만큼이나 관리가 중요하기 때문이지요. 물리 치료사가 되기 위해서는 관련 학과에 진학한 다음 물리 치료사 국가 고시에 합격해 자격증을 취득해야 합니다.

방사선사

방사선사는 이름에서 알 수 있듯이 방사선을 다룹니다. 방사선사는 각종 방사선 장비를 조작해 신체의 질병이나 장애를 진단하기도 하고, 방사성 물질을 이용해 병을 치료합니다. 의사의 지시에 따라 X선 검사, 전산화단층촬영(CT) 검사, 자기공명영상촬영(MRI) 검사 등을 진행해요. 촬영에서부터 영상의 해석, 기록과 보관, 방사선의 안전 관리까지 다양한 작업을 수행하는 직업입니다.

방사선은 눈에 보이지 않고 소리도 없고 냄새도 없지만 제대로 관리되지 않았을 때는 인체에 치명적입니다. 방사선의 한 종류인 X선은 1등급 발암 물질이기도 합니다. 방사선을 이용하는 만큼 환자의 안전에 대한 책임감을 갖는 것이 중요하다고도 할 수 있겠습니다. 방사선 촬영과 치료를 할 때 검사받지 않는 다른 신체 부위가 방사선에 노출되지 않도록 조치하는 것도 중요합니다. 의료 기기의 첨단화, 자동화가 진행되고 있는 상황에서도 방사선 검사에는 전문가의 주의가 필요하기 때문에 방사선사에 대한 수요는 앞으로도 높을 것이라고 해요. 방사선사가 되기 위해서는 물리 치료사와 마찬가지로 방사선학 관련 학과를 필수로 졸업한 뒤 국가 고시에서 합격해야 합니다.

작업 치료사

작업 치료사는 환자가 일상생활, 작업, 여가 활동에 필요한 기능을 회복하고 유지하도록 돕습니다. 우리는 평상시에 이런 작업을 별 생각 없이 하며 살아가지만 병이 있거나 다친 사람에게는 사소한 작업마저도 어려운 일이 됩니다. 작업 치료사는 바로 이런 위기에 처한 사람들이 더 나은 일상을 보낼 수 있도록 지원합니다. 환자 중심의 재활 전문가라고 부를 수도 있겠습니다. 보건의료 직종에는 다양한 직업이 있지만 작업 치료사는 환자와 대면하는 시간이 유난히 긴 편입니다. 게다가 직접적인 신체 접촉을 통해서 치료에 나선다는 점 역시 특징이라 할 수 있겠습니다. 작업 치료사는 치매 환자를 위한 일도 하는데요. 병원(종합 병원, 신경과, 정신건강의학과)에 소속되어 있는 작업 치료사는 약물 치료와 함께 아직 중증이 아닌 치매 환자가 일상을 유지할 수 있게 돕는 다양한 재활 치료를 제공합니다. 작업치료학 전공자들은 졸업 후 주로 병원, 복지관, 재활원, 장애인 직업 훈련 학교, 특수 학교, 한국장애인고용공단 보건직 공무원으로 취업을 하거나 대학원 진학 등을 통해 교수, 연구원 등으로 일할 수도 있습니다.

보건의료 정보 관리사

보건의료 정보 관리사는 의무 기록이 정확하고 안전하게 기록되고 관리되도록 지원합니다. '의무 기록'이라는 말을 들어 봤나요? 보험금을 청구해야 할 때 필요한 서류가 바로 의무 기록입니다. 환자가 의료 기관에 방문하여 진료를 볼 때마다 의무 기록이 만들어지는데요. 그 안에는 어느 시점에, 병원의 어느 공간에서, 누구에 의해, 어떤 의료 서비스가, 왜 제공되는지 기록되어 있습니다. 좋은 의무 기록은 환자의 상태와 진단을 확인하고 치료를 지원할 수 있도록 충분한 데이터와 정보가 포함되어 있어야 합니다. 기존 보건의료 정보 관리사는 주로 병원에서 손으로 차트를 기록하는 일을 많이 했는데 2000년대 들어 전자 의무 기록 시스템이 도입되며 보건의료 정보 관리사의 업무 영역도 확장되었습니다. 현재 보건의료 정보 관리사는 환자의 의무 기록, 보건의료 정보를 분류하고 확인하며 관리하는 일을 포괄적으로 합니다. 보건의료 정보 관리사는 국가 고시를 통과해 면허를 취득해야 할 수 있는 전문 직종이기 때문에 안정적으로 일할 수 있다는 장점이 있지만 경력이 중요한 일이기 때문에 처음에는 정규직으로 취직하기는 쉽지 않습니다.

언어 재활사

언어 치료에 대해 들어보신 적이 있으신가요? 언어 재활사는 언어와 말의 문제로 타인과 의사소통하는 데 어려움이 있는 사람을 진단 및 평가하고 그에 따라 필요한 치료와 교육을 진행하는 재활 전문가입니다. 언어 재활사는 기능적, 신경학적, 기질적 원인으로 인한 음성 장애를 치료합니다. 예전에는 말더듬이나 조음 장애가 있었어도 관련 전문가를 찾기가 어려웠습니다만 최근에는 전문 인력이 늘고 있는 추세입니다.

고령 사회가 되고 어린이 언어 장애의 조기 발견율이 높아지면서 미국을 비롯한 전 세계에서 전문 인력의 수요가 크게 증가하는 추세입니다. 소통이 어려운 사람들의 치료 과정을 진행하는 전문가인 만큼 끈기와 사명감이 요구됩니다. 병원에서 일하는 대부분의 의료진이 그렇듯이 언어 재활사 혼자서만 치료를 잘한다고 해서 환자 상태가 좋아지는 건 아닙니다. 다른 전문가들과의 협업 속에서 환자 치료에 대해 고민해야 의미 있는 결과를 이끌어 낼 수 있어요. '치료'라고 하지만 언어 장애의 원인을 찾아 해결하기 위해 노력하는 일도 함께하게 됩니다. 언어 치료 콘텐츠의 개발과 제작의 필요도 높아지고 있기 때문에 앞으로 애플리케이션 개발 등으로 연결될 가능성도 높은 직군입니다. 언어 재활사는 1급과 2급이 있으며, 2급 자격 취득 후 경험을 쌓아야 1급 언어 재활사 자격시험에 응시할수 있습니다. 공개 채용이나 교육 기관의 소개 등을 통해 병원, 심리 치료소, 사회복지 기관, 대학 부설 언어 치료실 등에 취업할 수 있습니다.

치과 위생사

치과 위생사는 치과를 방문한 환자의 첫 시작부터 마무리까지를 담당하는 사람입니다. 치과에 가서 스케일링을 해 본 적 있나요? 치석을 제거하는 스케일링은 물론, 환자 응대와 상담 등 치과 운영에 필요한 전반적인 업무를 맡고 있지요.

취업률이 높기로도 잘 알려져 있는데요. 업무 범위도 굉장히 넓어서 실적에 따라 월급이 달라지는 경우도 많다고 합니다. 치과 위생사가 누구냐에 따라 치과 분위기가 달라지기도 하고 업무 스타일이 변화하기도 한다고 해요. 치과 위생사가 되려면 관련 학과를 졸업한 뒤 치과 위생사 면허를 취득해야 합니다.

임상 병리사

임상 병리사는 검사자입니다. 혈압을 측정하거나 혈당 측정기로 혈당을 측정하는 것은 비단 전문가가 아니어도 할 수 있는 일입니다. 하지만 환자로부터 채취한 혈액, 소변 등 각종 체액이나 세포를 검사하는 등 조금 더 전문적인 검사는 아무나 할 수 없습니다. 이러한 다양한 검사는 검사 행위를 할 수 있도록 허가된 임상 병리사만이 할 수 있어요. 임상 병리사는 환자의 검체 또는 생체를 대상으로 여러 가지 검사와 분석을 통해 치료에 기여하는 사람입니다. 임상 병리사 면허증을 취득한 후 다양한 의료 기관, 대기업 의료 관련 분야 또는 생명 과학 분야의 각종 실험실이나 연구소의 연구원, 보건직 국가 공무원 및 지방 자치 단체 공무원, 의료 장비 및 시약 판매 회사, 의료 보험 회사의 직원 등으로 진출합니다.

의사를 왜 전문직이라고 부를까?

사전에는 전문직에 대해 사회가 당면한 문제를 해결하기 위해 해당 분야의 전문 지식을 활용하는 직업으로 풀이되어 있어요. 그럴듯한 설명이지만 만족스럽지는 않지요. '전문'이라는 단어가 반복되기 때문이에요. 전문직의 지식이 전문 지식일 텐데, 전문 지식을 지닌 이가 전문직이다? 이런 것은 순환 논법이라고 부르고, 별로 좋은 접근은 아니라고 생각해요.

사실 엄밀히 말해 전문직이라고 부르는 직업은 몇 가지 없어요. 의사와 변호사가 대표적이고, 몇몇 전문 기술을 지닌 직업도 전문직이라고 부르는 것 같지요. 그럼 거꾸로 물어보아야 해요. 왜 의사와 변호사가 전문직의 '대표'가 되었을까요? 다른 직업과 특별하게 구분되는 요소가 있어서 그럴 텐데, 의사가 전문직이 되어 간 역사를 살펴보면 크게 세 가지 즉, 교육 및 연구, 단체 형성, 제도가 이들을 전문직으로 구분하게 된 이유라 할 수 있습니다.

첫째로 교육을 위한 별도의 기관이 있으며(꼭 기관이 없더라도 그에 상응하는 교육을 받을 수 있는 절차가 있고) 해당 학문을 거의 독점적으로 연구하고 있다는 점, 둘째로 전문직 단체가 구성되어 있고 이들이 사회와 어느 정도 교섭력을 지닌다는 점, 마지막으로 이들에게 의무 및 권리를 부여하는 제도적 뒷받침이 있다는 점이 이들을 전문직으로 구분하게 합니다.

의사는 별도의 의학 교육 기관인 의과대학을 통해 교육을 받지요. 전 세계의 의사들은 의사 협회 또는 그에 상응하는 단체에 속해 있어요. 그리고 이들 단체는 개별 의사를 대신하여 사회의 요구와 자신들의 권리를 조정하는 역할을 수행하지요. 또한, 의사는 국가 고시를 통해 면허를 획득하고, 주기적으로 활동을 계속할 수 있는지 검토받습니다. 다른 직업에선 찾기 쉽지 않은 이런 요소들이 의사를 전문직으로 만들어요.

하지만 더 중요한 게 있습니다. 전문직업성(professionalism)이라고 부르는 건데요. 전문직으로서 가져야 할 의식 또는 전문직의 구성원이 마땅히 지녀야 한다고 생각하는 태도와 습관이라고 정의할 수 있어요. 쉽게 말하면 의사에겐 마땅히 행동해야 할 방식이나 지녀야 할 태도가 있다는 거예요. 그리고 이런 전문직업성을 공유하는 사람들의 집단을 전문직이라고 정의하는 것도 가능해요. 전문직업성이라고 부르지만 기본적으로 태도나 습관의 문제이기에 누구나 가질 수 있습니다. 그런데 전문직에겐 전문직업성이 필수라 할 수 있습니다.

전문직업성을 다루는 문서 중 가장 유명한 게 히포크라테스 선서예요. 고대 그리스의 의사 히포크라테스가 만들었다고 전해집니다. 의대생들이 환자 실습을 본격적으로 시작하기 전에 낭독하곤 해요. 동시에 히포크라테스 선서는 문제 있는 의사 또는 의료계의 잘못된 행동을 비판할 때 언급되기도 합니다. 하지만, 사실 지금 치과대학·의과대학 졸업식에서 읽는 것은 히포크라테스가 쓴 것은 아니에요. 히포크라테스가 쓴 글이 없어져서 그런 게 아니라 그 내용을 지금 적용하기는 어렵기 때문입니다. 그건 2,500년 전의 의사들에게 요구되었던 태도와 습관의 목록이니까요. 지금 저희가 히포크라테스 선서라는 이름으로 읽는 건 1948년에 발표된 제네바 선언입니다.

이런 선언이 필요한 이유로 여러 가지를 댈 수 있지만 무엇보다 중요한 건 의료 행위가 환자에게 미치는 영향이 크기 때문입니다. 의사는 말 그대로 환자를 '살릴 수도 죽일 수도' 있으니까요. 그래서 의사에겐 마땅히 따라야 할 태도와 습관이 정해져 있다고 생각해요.

의무나 책임 같은 거창해 보이는 (그리고 '선서'에 더 가까워 보이는) 표현 대신, 계속 태도와 습관이라고 하는 이유가 있어요. 전문직업성을 설명하는 문서들의 내용이 의사로서 꼭 지켜야 하는 사항인 건 맞아요. 예를 들면 환자의 건강과 생명을 우선하겠다거나, 환자의 비밀을 지킨다거나, 환자를 차별하지 않겠다는 내용들을 의사로서 생활의 여러 부분에 적용하고 지키는 것은 의사로서의 태도를 갖추어 가는 일이자, 진료하는 습관을 굳혀 가는 일이기도 해요. 나이가 많은 의사에게 존경을 표할 때, 의사로서의 태도와 습관에 관해, 즉 완성에 다다른 그 삶에 경의를 표하는 것이죠. 거꾸로 말하면 젊은 의사나 학생은 이런 부분에 익숙하지 않고 진료나 다른 영역에서 전문직업성의 내용들을 잘 실천하지 못하는 경우가 종종 있어요. 고의적으로 그러는 건 아니라 생각해요. 다만 아직 전문직업성이 삶에 체화되지 않았기 때문인 거죠. 이런 의사에게는 앞으로 더 많은 성장이 필요합니다.

전문직업성은 시대에 따라서 변할 수밖에 없어요. 히포크라테스 선서와 지금의 선서가 다른 이유이자, 앞으로 또 새로운 선서가 필요한 이유이기도 해요. 의학도, 환자와 의료인도 계속 달라지기 때문이죠. 이전 시대에 당연한 것들이 지금은 당연하지 않을 수도 있습니다. 예를 들어 제네바 선언은 다음의 열 가지를 담고 있습니다.

첫째 삶을 인류 봉사에 바칠 것. 둘째 은사에 존경과 감사를 표할 것. 셋째 의술에 있어 양심과 품위를 지킬 것. 넷째 환자의 건강과 생명을 우선할 것. 다섯째 환자의 비밀을 지킬 것. 여섯째 의업의 전통과 명예를 유지할 것. 일곱째 같은 의료인을 형제처럼 여길 것. 여덟째 차별 없이 환자에 대한 의무를 지킬 것. 아홉째 생명을 존중할 것. 열째 위협당할지라도 의학 지식을 인도에 어긋나게 쓰지 않을 것.

둘째와 여섯째만 보아도 앞에서 이야기한 의료인의 명예와 체면을 강조하고 있음을 알 수 있지요. 전문직으로서 명예를 중요시하는 것은 자기 이익에만 몰두하여 어떤 일이든 할 수 있는 사람들과 구별하겠다는 의지 때문이에요. 간단히 말해, 전문직은 돈 말고 다른 가치들을 중요하게 여긴다는 거지요.

물론 선서의 내용만으로는 의료 환경에서 벌어지는 여러 문제에 대한 해결책을 제시하기 어려워요. '인류 봉사'의 의미와 범위는 어디까지일까요? 환자의 건강과 생명을 최우선한다면 애초에 의료인으로서는 존엄사나 안락사 같은 이야기를 생각도 하면 안 되는 것 아닐까요? 환자의 비밀을 지켜야 한다면 환자 정보를 가지고 연구를 하면 안 될 텐데, 그러면 인공지능 연구는 아예 할 수 없겠죠? '차별'하지 않아야 하는 대상에는 인종, 종교, 국적, 정치, 사회적 지위만 포함되어 있는데, 젠더나 장애는 왜 빠져 있을까요?

물론 제네바 선언이 발표된 지 이미 70년이 넘었어요. 그동안 의학적 환경은 극적으로 변화했기에 제네바 선언이 현재 발생하고 있는 여러 문제에 대한 지침이 되기에는 명확한 한계가 있을 수밖에 없어요.

하지만 그럼에도 이런 선언들은 여전히 중요하답니다. 말한 것처럼, 의료인들이 우선하는 가치가 무엇인지 담아내고 있기 때문이에요. 어떤 직업이 특정한 가치를 추구하고 있음을 반복적으로 선언하고, 삶을 통해 그 가치를 이루겠다고 다짐하는 것은 특별한 일이지요. 그렇기에 이들을 전문직으로 구분하고 있다고 생각해요. 거꾸로 이런 가치를 전문직이 스스로 포기한다면 자신이 전문직인 것 또한 포기하는 것이겠지요.

"의사를 왜 전문직이라고 부를까?"라는 질문에 답할 준비가 되었어요. 저는 의사들이 자신의 업무에 있어서 특정한 가치를 수호하고 있기에 전문직이라 불린다고 말해요.

어떤 가치냐고요? 최근 의료는 환자를 중심에 놓고, 환자의 가치에 맞추어 필요한 것들을 제공하는 방향으로 점차 변하고 있답니다. 이것을 환자 중심성이라는 표현으로 부르곤 해요. 의료의 출발과 끝이 환자라는 거지요.

의과대학은 언제부터 별도의 제도를 가졌을까?

먼저 의과대학이나 치과대학의 교육 과정을 간단히 설명하는 게 좋을 것 같아요. 우리나라는 의과대학·치과대학을 6년제로 운영하고 있지요? 크게 예과와 본과로 구분하고, 예과는 2년 과정, 본과는 4년 과정으로 운영해 왔답니다. 예비 과정이라서 예과, 기본 과정이라서 본과라고 불러요. 이런 제도는 의과대학에만 있었던 것은 아니고 옛날엔 다른 대학에도 있었어요. 하지만 지금은 거의 의과대학·치과대학에서만 볼 수 있고 그마저도 이제 학교별로 다르게 운영할 수 있게끔 준비 중에 있어요.

모든 나라에서 의과대학이 6년제인 것은 아니에요. 미국 같은 경우 의과대학 자체는 4년제지요. 하지만 미국의 의과대학은 대학원에 가까워서 4년 과정인 의과대학 예비 과정을 졸업하여 학사를 취득한 다음에 진학할 수 있어요. 이전에 우리나라에서도 미국과 비슷하게 의학전문대학원 제도를 운영하여 다른 대학을 졸업한 다음에 의과대학·치과대학에 진학하도록 한 적이 있는데 여러 이유로 지금은 다시 원래의 6년제로 운영하고 있어요.

6년 동안 무엇을 배울까요? 2년 단위로 크게 세 덩어리로 나눌 수 있어요. 첫 2년의 예과 과정에서는 본격적인 '의학' 과목들을 배우기 전에 필요하다고 생각되는 내용들, 주로 기초 과학과 교양을 배워 왔습니다. 그러다 보니 주로 의과대학·치과대학에서 운영하기보다는 전체 대학교의 여러 과목을 학습하는 방향으로 구성했는데, 점차 의료인의 특성에 맞는 교육을 제공해야 할 필요가 강조되면서 의료인문학 과목을 교육하거나 본과에서 배우는 과목을 먼저 가르치는 방향으로 구성이 수정된 경우를 꽤 봅니다.

다음 2년은 주로 기초 의과학을 배웁니다. 기초 의과학이라고 하면 해부학, 생리학, 생화학, 약리학, 병리학 등을 가리켜요. 인체에 대한 지식을 배운다고 생각하면 될 텐데, 이런 과목이 다른 학과에 있는 경우도 있지만 주로 의과대학이나 치과대학을 중심으로 개설되어 있지요. 관련 연구를 의학 환경에서 진행하게 되는 경우가 많기 때문인 것 같아요. 대표적으로 해부가 그렇죠. 뜻 있는 분들이 기증한 카데바(해부용 시체)를 통해 실습도 하지만, 이후엔 영결식도 진행해야 할 테고 그 외에도 병원에서 수행해야 하거나 도움을 받아서 진행해야 할 일들이 있기 때문에 해부학 실습실을 병원과 분리해서 운영하기는 어렵지요. 또한 병든 조직과 세포를 연구하고 다루는 병리학은 그 자체로 병원의 전문 분과이기도 해요. 눈이나 X선 사진으로 볼 때 문제가 있는 것으로 보이는 이 조직은 무엇인지, 수술 과정에서 암세포가 어디까지 퍼져 있는지 등을 판독하는 곳이 병리과거든요. 이렇다 보니 주로 의과대학·치과대학에 이런 교실이 있습니다.

그다음 2년 동안은 임상 의과학을 배우지요. 임상 의과학이라고 하면 병원의 각 과목을 떠올리면 됩니다. 의과라면 내과 외과 산부인과 소아청소년과 정신건강의학과 등의 과목을, 치과라면 보철과 보존과 치주과 교정과 등의 과목을 배우게 되지요. 또한, 병원 실습이 같이 진행됩니다. 환자 침대 곁을 의미하는 '임상' 교육은 글로만 이루어질 수는 없기 때문이에요. 여기에 더해, 치과는 임상 실습을 더 강조해서 졸업하기 전에 학생들이 직접 환자를 진료하는 경험을 쌓을 수 있는 학생 진료실을 운영하고 있고, 이 때문에 앞의 과정(기초 및 임상 교육, 때로는 예과 교육까지도)을 의과대학 교육 과정보다 더 압축적으로 진행하게 됩니다.

이런 여러 범위의 다양한 내용을 한정된 시간에 배워야 하다 보니 의과대학·치과대학에 가면 엄청난 학습량과 시험이 기다리고 있습니다. 게다가 의학 기술이 발전하고 사회도 변하면서 공부해야 하는 내용도 계속 늘어나고 있고요. 최근엔 의료 인공지능 관련한 내용이라거나, 최신 환자 면담 방법 같은 내용을 가르치려 하지요. 그런데 이미 꽉 차 있는 시간표에 새로운 내용을 할당하기가 어렵기 때문에 다양한 시도를 통해 교육 방법을 효율화하는 한편 연계된 내용을 함께 가르치는 방식으로 교육의 변화를 가져오게 되었어요. 이렇게 의학 교육의 여러 방식은 계속 혁신의 과정을 거치고 있답니다.

하지만 교과 과정만으로는 의학 교육을 모두 설명하기는 어려워요. 의과대학이라는 체제의 특징은 무엇보다 몇 년간 같은 공간에서 여러 학년의 학생, 수련의, 교수가 함께 호흡한다는 점이에요. 이런 특징은 서로에게 암암리에 영향을 미치며, 무엇보다 의과대학·치과대학 내부에 강한 서열 및 위계 구조를 부여합니다. 심지어 이것이 학생들을 교육하는 하나의 방식으로 활용되어 왔고요. 지난 코로나19 기간, 학생들이 제각기 다른 공간에 흩어져 있는 것이 의과대학·치과대학에서는 무척이나 힘든 일이었어요. 수업 외로 전달되고 영향을 미치던 내용들이 갑자기 끊어졌기 때문입니다.

위계라고 하면 많은 분들이 부정적으로 생각하실 수도 있어요. 하지만 환자를 만나기 위한 교육을 제공하는 의과대학·치과대학의 특징상 위계는 없어지기 어려워요. 학년을 올라가면서 학생은 조금씩 자신에게 맞는 행동 양식과 권리 및 의무를 체득하게 되니까요. 이것 없이 갑자기 환자를 만난다면 서로에게 문제를 초래합니다.

물론 이상적으로만 돌아가지는 않지요. 너무 심한 위계나 서열은 당연히 많은 부작용을 일으켜 왔습니다. 유명한 사례로 실존 인물인 헌터 도허티 '패치' 아담스의 이야기와 그를 극화한 영화 『패치 아담스』(1998)를 들 수 있겠어요. 내용을 간략히 요약하면 뒤늦게 의과대학에 입학한 한 인물이 자신이 원하던 것과 달리, 권위와 위계로 가득한 병원 문화에서 벗어나고자 광대 분장을 하고 환자들을 만나다가 지도 위원회에 회부되어 공격을 받지만 그 자리에서 오히려 현재 의과대학의 방식이 잘못되었음을 공박하며 환자와 함께 웃을 수 있는 병원을 만들어야 한다고 주장하며 끝나는 이야기입니다. 실제로 헌터 아담스는 '웃음 치유'라는 접근법을 강조하는 의사로, 환자와 의료진 모두가 즐겁게 치료하고 치료받을 수 있는 기관을 만들어서 운영해 왔고요.

아담스 본인의 말은 충분히 수긍이 가는 부분이 있지요. 병원이 굳이 엄숙하고 엄격해야만 할 이유는 없으니까요. 환자와 함께 웃을 수 있는 기관이 되는 건 좋은 일이라고 생각해요. 그러지 못한 이유가 아까 말한 대학, 더 넓게는 현대 의료가 전제하고 있는 엄격한 위계 때문인 것도 사실이고요. 그런 위계질서 때문에 저도 대학생 때 학교와 병원을 참 무서워했어요.

하지만 과한 위계질서는 이제 많이 사라지기도 했고 계속 바뀌어 나가는 중이에요. 너무도 쉽게, 조그마한 실수로도 환자에게, 주변 사람에게 피해를 입힐 수 있는 병원과 의학 교육의 특성상 완전히 풀어지는 것도 문제라고 생각이 되기는 하지만요. 중요한 것은 적절한 정도일 것 같아요.

너무 현재 제도 이야기만 하다가 언제부터 이런 의과대학·치과대학의 형태가 갖추어졌는지 설명을 빼먹었지요? 기초 교육과 임상 교육(및 실습)이 결합되어 있는 현재 형식은 19세기 말 대학과 임상 교습소가 합쳐지면서 나타나게 되었어요. 하지만 지금의 제도가 받아들여지게 된 것은 1910년의 일이에요. 당시 미국에 난립하던 학과 제도를 적절한 기준으로 평가, 정리하기를 원했던 미국의사협회는 의학 교육 위원회를 만들고 공신력 있는 외부 인사에게 기초 모형을 만들어 달라 부탁했습니다. 이 역할을 맡았던 교육 개혁가 에이브러햄 플렉스너는 당시 미국 최고의 의과대학으로 꼽히던 존스홉킨스 의과대학을 모형으로 삼았습니다.

기업가 존스 홉킨스의 기부로 설립된 이곳은 당시 최고의 의사들을 모아서 의학 교육의 혁신을 이룩하고자 했던 곳이에요. 존스홉킨스의 교과 과정을 플렉스너가 정리한 것이 2+2 모형이었어요. 플렉스너는 당시 의학을 선도하던 의과학적 방법이 의학 교육에서 핵심을 이루어야 한다고 생각했기에, 학생들에게 먼저 철저한 과학 교육을 제공해야 한다고 주장했던 거예요.

100년이나 된 형식이다 보니 앞에서 이야기한 것처럼 최근에는 다양한 형식 변화와 실험들이 이루어지고 있어요. 외국에는 기존 교과목의 구분을 다 없앤 학교도 있고, 정규 수업을 계속 따라가며 듣는 것이 아니라 여러 자료와 영상 등을 통해 스스로 학습하다가 필요할 때마다 교수와 면담을 요청하여 보강하도록 하는 제도를 택한 곳도 있었지요. 우리나라에서도 다양한 시도가 이루어지고 있습니다. 의과대학의 교육은 지금도 변화 중이라고 정리하면 좋겠네요.

환자와 의사는 어떻게 말할까?

병원에서 또는 질병 앞에서 환자와 의사는 어떻게 이야기할까요? "자기 하고 싶은 대로"가 정답이라고 생각하겠지만, 우리가 하는 말을 가만히 생각해 보면 다른 사람들이 했던 말을 약간 바꾸어서 반복하고 있다는 것을 깨닫게 됩니다. 완전히 새로운 말을 하면 일단 상대방이 알아들을 수가 없어요. 우리는 맥락과 상황, 이전의 경험에 비추어 먼저 말할 내용과 방법을 선택하고, 그 안에서 자기의 개성을 녹여 말을 만들어 나갑니다.

그렇기 때문에 사람들의 말을 몇 개의 범주로 나누는 것이 가능합니다. 예컨대 선생님이 학생들에게 하는 말 집합이 있고, 학생들이 선생님에게 답하는 말 집합이 있지요. 그것은 해당 영역의 문화적 특성을 드러내기도 합니다. 의사와 환자도 마찬가지예요. 의사가 환자에게 하는 말 집합이 있고 환자가 의사에게 하는 말 집합이 있어요.

저는 서사를 통해 이런 내용들에 접근하기 때문에 어떤 서사가 이런 말 집합을 잘 보여 주는지를 분석합니다. 서사 또한 범주, 흔히 장르라고 말하는 것으로 분간할 수 있지요. 나온 내용을 연결해서 정리하면 이렇게 됩니다. 의사들이 하는 말을 모아 분류하면 각각을 하나의 소설이나 영화 장르에 비교해 볼 수 있다는 거예요. 환자들의 경우도 마찬가지고요.

하나씩 볼까요. 처음 환자를 만난 의사는 환자에게 지금 가장 큰 문제가 되는 사안이 무엇인지를 확인하는 것으로 시작하여, 그와 연관된 내용을 알기 위하여 여러 질문을 던져요. 다음에는 필요한 검사들을 하고, 이 모두를 모아서 환자에게 진단명을 부여하고 그에 따른 치료를 진행하지요. 진단과 치료가 맞았는지는 그 이후에 진행하는 추가 검사나 경과의 변화가 확인해 줄 거예요.

단계마다 의사는 환자에게 필요한 질문을 하거나, 적절한 조언을 건넵니다. 이 두 가지 표현을 곰곰이 생각해 보면 재미있어요. 의사가 던지는 질문은 환자가 현재 자신에게 벌어진 일을 제대로 파악하지 못하고 있다고, 간단히 말하면 진상을 모른 채로 말하고 있다고 생각하기에 나옵니다. 그렇기에 의사는 환자의 말을 100퍼센트 신뢰하지 않아요. 잘못 말하고 있을 수 있거든요. 또한 의사가 환자에게 건네는 조언은 기본적으로 자신의 진단이 맞는다는 가정 아래 그것을 증명해 내기 위한 해결책이라는 특징을 지니고 있어요. 물론, 간단한 질병이라면 틀리진 않겠지요. 하지만 복잡하고 어려운 질병이라면 의사는 자신의 진단이 틀릴 수도 있음을 염두에 두고 치료하는 과정에서 계속 확인하는 절차를 거쳐요.

어떤 일의 진상을 밝혀내기 위하여 여러 질문을 던지고 문제에 대한 가설을 세워 그것이 맞는지 해결 과정에서 확인해 나가는 사람이 주인공으로 등장하는 소설 장르가 있을까요? 바로 탐정 소설 또는 추리물이지요. 추리 장르에서 주인공인 탐정은 진상을 밝혀내기 위해 이런저런 탐문과 조사를 벌입니다. 얻은 증거를 통해 누군가를 범인으로 지목하고 그것을 증명해 나가기 위해 여러 가지를 확인하거나 심지어 어떤 실험을 해서 결국 자신의 추리를 증명하지요. 보통 탐정의 추리가 맞지만 때론 탐정이 범인을 잘못 지목해서 엉뚱한 사람을 몰아세우기도 합니다.

범죄는 질병으로, 탐정은 의사로, 희생자는 환자로, 탐문은 면담으로, 조사는 검사로, 증거는 결과로, 체포는 치료로 비교하면 연관성이 잘 보일 거예요. 이런 추리와 진료가 보이는 유사성은 우연히 생긴 게 아니에요. 역사상 가장 유명한 추리 소설 '셜록 홈스' 시리즈는 최초의 추리물은 아니었으나 처음으로 장르를 정립한 소설이자, 탐정이 어떤 사람인지를 보여 준 작품입니다. 흥미로운 점은 이 소설을 쓴 아서 코난 도일 경이 의사였다는 것 그리고 홈스라는 가상의 인물을 만들어 낼 때 경찰이나 실제의 범죄 조사원을 참고한 것이 아니라 자신을 가르쳐 주었던 의과대학의 한 교수를 모델로 삼았다는 데 있지요.

바꾸어 말하면 추리 소설은 의사의 작업 방식을 범죄에 적용하면서 탄생한 것이에요. 그러므로 추리 소설과 의사의 접근 방식은 매우 유사할 수밖에 없어요. 단지 탐정과 다르게 아직까지 의사가 어떻게 일하는지는 베일에 싸여 있는 것처럼 보인다는 점이 다르죠.

그렇다면 추리 소설을 통해서 의사가 일하는 방식 몇 가지를 짚어 볼 수 있어요. 첫째, 이야기한 것처럼 탐정(의사)은 용의자, 피해자를 포함한 주변 인물(환자와 가족)이 거짓말을 하고 있다는 가정에서 출발합니다. 물론 누군가는 진실을 말하고 있을 거예요. 하지만 탐정(의사) 입장에선 누가 진실을 말하는지 알 수 없습니다. 따라서 사람들(환자)의 말은 의심해서 들어야 합니다.

둘째, 주변 인물(환자와 가족)의 이야기가 지닌 다채로움이나 풍성함은 탐정(의사)에게 별로 중요하지 않아요. 탐정(의사)에게 중요한 것은 범죄(질병)와 관련된 증거(결과)일 뿐이죠. 주변 인물(환자와 가족)이 어떤 사람이었고 무슨 일을 했으며 어떤 생각을 하고 있는지에 대해 탐정(의사)은 별로 관심이 없습니다. 오로지 범죄(질병)를 일으킨 이유(병인)만을 궁금해합니다.

셋째, 탐정(의사)은 범죄(질병)에 접근하면서 그 인과 관계를 명확히 하는 데 초점을 맞춥니다. 지금 벌어진 사건(병)의 세 가지 직접 요소, 누가·어떻게·왜 그랬는지를 밝혀내는 것이지요. 특히, 이것은 과학적인 방식으로 증명할 수 있어야 합니다. 초자연적 현상이거나 우연히 벌어진 일인 경우 또는 명확히 원인을 분간할 수 없는 사안이면 추리 소설로 만들기는 어렵지요.(물론, 장르 비틀기를 위해 이런 이야기를 쓰는 경우가 있긴 해요.) 의사도 마찬가지로 과학적인 방식으로 일어난 일을 증명할 수 있다고 믿지요. 더 나아가 과학이 아닌 것들은 과정에서

빼 버려도 괜찮아요.

한편, 환자는 어떻게 말할까요? 환자는 사실 하나의 집단이라고 말하기 어려워서 의사만큼 쉽게 전형을 분간하기는 어렵습니다. 하지만 저는 문화의 원류 중 하나인 성경에서 원형을 찾을 수 있다고 생각해요. 구약 성경을 구성하는 여러 책 중 하나로 욥기가 있는데, 이 책은 욥이라는 등장인물에게 벌어진 일을 담고 있어요. 당시 부자인 데다가 매우 훌륭한 삶을 살고 있던 욥에게 갑자기 하늘의 시련이 닥쳐 모든 것을 앗아 갑니다. 심지어 가족마저 잃고 심한 피부병에 걸려 잿더미에 앉게 된 욥에게 명망 있던 사람들이 찾아와 말합니다. 인정하지 못할 수도 있겠지만 이런 일은 분명히 욥 자신의 죄악 때문에 벌어진 것이니 지금 문제를 해결할 방법은 딱 하나, 신에게 죄를 고백하고 용서를 구하는 것이라고요. 욥은 그들에게 말하죠. 자신은 죄를 저지르지 않았으니 신 앞에서 가서 왜 나에게 이런 일이 벌어졌는지 질문해야 한다고 말입니다.

욥기의 마지막은 신의 등장으로 끝나요. 신은 욥에게 너는 세상이 어떻게 만들어졌는지, 그 안의 수많은 생명과 현상을 설명하지도 못하면서 감히 너에게 벌어진 일을 나에게 따지느냐고 묻습니다. 그때 욥은 자신이 담아낼 수도, 상상할 수도 없는 큰일을 질문하고 있었음을 고백하고 용서를 구하지요. 그리고 신은 욥이 빼앗겼던 모든 것을 되돌려줍니다.

병에 걸렸을 때, 환자들은 욥과 비슷한 질문을 합니다. 왜 나에게 이런 병이 생겼는지, 다른 사람이 아닌 나에게, 다른 때가 아닌 지금 벌어졌는지를 물어보아요. 이때 환자들이 묻는 질문은 일단 병의 원인에 대한 질문이기도 하지만 인생에 대한 질문이자 세계의 질서에 관한 물음이기도 하지요. 이야기가 갑자기 너무 거대해졌지요. 쉽게 말하면 아픈 사람들이 던지는 질문은 당장 이 질병을 일으킨 원인이나 해결책에 관한 것이기도 하지만, 무엇보다 지금 나에게 벌어진 이 일의 상황과 의미에 대한 것이라는 거예요. 환자는 질병 앞에서 "왜 나한테 이런 병이 생겼지? 지금 한창 공부나 일을 해야 하는 이 시기에 어째서 병이 생겨서 나는 해야 할 것을 못하게 되었지? 앞으로 내 삶은 어떻게 되는 거지?"와 같은 질문을 던질 수밖에 없어요.

환자는 인과를 묻는 것을 넘어 삶에 대하여 묻습니다. 자신의 삶은 어디에서 왔고, 어디로 가는지를 물어본다는 거지요. 질병은 삶을 멈춰 세우는 거대한 장애물이자, 지금까지의 삶을 억지로 돌아보게 만들기 때문에 그렇습니다. 마치, 욥기에서 욥이 겪었던 것처럼요.

여기에서 우리는 하나의 안타까운 지점을 발견합니다. 의사의 말과 환자의 말이 서로 다른 곳을 향하고 있다는 거예요. 의사는 질병의 과학적 인과를 추리합니다. 환자는 질병이 삶 전체에 미치는 영향을 따져 보고 있어요. 그렇기에 의사가 내놓는 답이 환자에게 일부 도움이 될지언정, 환자가 구하는 답 전체가 의사로부터 주어지지는 않는다는 거지요.

물론, 환자는 치료 과정을 겪으면서 자신과 그 과정을 함께하는 주변 사람들과 의료진으로부터 간접적으로 자신의 질문에 대한 답을 찾아 나갑니다. 우리에게 치료 자체보다 치료 과정이 중요한 이유, 병을 치료하고 난 뒤 환자에게 의사가 단지 의료 서비스를 제공한 사람이 아니라 '은인'이 되는 이유가 여기에 있지요. 자기 삶의 최대 고난을 함께 견디어 준 사람이고, 병으로 인해 완전히 무너져 버린 삶을 다시 쌓을 수 있도록 도와준 사람이니까요.

안타까운 것은 치료의 이런 과정이 점차 우리 의료에서 사라지고 있다는 점일 거예요. 과학 기술에만 초점을 맞추어 온 현대 의학이 가장 크게 놓치고 있는 것 또한 바로 이런 질병 이후의 삶에 관한 생각이겠지요.

이미지 출처